腈纶纤维负载催化技术

JINGLUN XIANWEI FUZAI CUIHUA JISHU

史显磊　著

化学工业出版社

·北京·

图书在版编目(CIP)数据

腈纶纤维负载催化技术/史显磊著. —北京：化学工业出版社，2020.1
ISBN 978-7-122-35760-1

Ⅰ.①腈… Ⅱ.①史… Ⅲ.①腈纶织物-催化 Ⅳ.①TS156

中国版本图书馆 CIP 数据核字（2019）第 266549 号

责任编辑：王湘民　　　　　　　　　　装帧设计：韩　飞
责任校对：刘　颖

出版发行：化学工业出版社（北京市东城区青年湖南街 13 号　邮政编码 100011）
印　　装：北京七彩京通数码快印有限公司
710mm×1000mm　1/16　印张 10¼　字数 200 千字　2019 年 12 月北京第 1 版第 1 次印刷

购书咨询：010-64518888　　售后服务：010-64518899
网　　址：http://www.cip.com.cn
凡购买本书，如有缺损质量问题，本社销售中心负责调换。

定　　价：88.00 元　　　　　　　　　　　　　　　版权所有　违者必究

前 言

近年来，绿色化学作为国际化学科学研究的前沿，受到了全球化学家们的广泛关注，也对经济和社会的可持续发展起到了显著的推动作用。但是，在 2014 年美国化学会绿色可持续发展技术领域期刊 ACS Sustainable Chemistry & Engineering 创刊之初，通过对化工行业实施"绿色化学 12 原则"现状的调查显示，包括"催化"在内的多个领域还远未达到绿色化学的标准。因此，设计和开发新型、高效、经济、环保的催化体系仍然是今后一个时期绿色化学研究领域的热点和重点，也是我国化学工业实施节能减排的基本途径之一。

随着催化技术的发展，将难以回收的催化活性成分负载于载体材料，开展负载催化，以期催化体系获得更高活性和选择性的研究备受催化工作者重视。其中，高分子负载催化因其具有较高的催化活性、选择性、较好的稳定性及重复使用性能等，得到了科学界和工业界的广泛应用，并且其反应后处理工艺简便，可借助固液分离的方法进行分离、再生和重复使用，进而降低生产成本和减少环境污染。然而，催化领域常用的传统高分子材料及一些新型复合高分子材料，大多受限于载体材料的特定物理性状而难以二次加工利用，导致其在连续催化和规模应用时存在诸多不便。根据笔者近几年的研究发现，高分子纤维作为一类通用材料，不但具有优良的力学性能，而且还能够通过特定的功能化修饰，在保持其足够机械强度的前提下，深入到纤维表层数百纳米进行催化活性成分的负载，进而开展催化应用，并显示了独特的优势。尤其是腈纶纤维，其作为三大合成纤维之一，原料丰富，用途广泛，廉价易得，而且其高分子链接上含有大量氰基和甲氧羰基，可作为修饰位点便于通过化学手段进行特定的功能化与催化活性成分负载，并凭借其柔韧性好、力学强度高，且可根据反应器形状再次加工等优良性能，定向获取绿色、可控的负载催化新方法，为设计新型且具有优异催化性能的纤维负载催化剂提供了新思路。

本书总体上是以笔者近几年在该领域的研究成果为基础著述而成，介绍了一系列以腈纶纤维为载体的负载催化新方法，共7章。从开发新型、绿色的催化体系出发（第1章），具体涉及腈纶纤维负载有机碱（第2章）、Brønsted酸（第3章）、相转移催化剂（第4章）、离子液体型（第5章）以及金属配合物（第6、7章）等催化剂的设计理念、制备方法、表征手段及其在一些有机反应中的催化应用等。每章都做到了介绍全面、方法具体、内容充实、分析深入，适宜作为催化科学和其它化学化工相关边缘学科研究者及化学化工生产部门技术人员的参考用书。

本书的出版还得到了国家自然科学基金（21802034）和河南省自然科学基金（182300410143）的资助，在此表示衷心的感谢。在写作过程中，还得到了河南理工大学和天津大学一些老师和同学的帮助，胡倩倩、孙本宇、王枫等，参与了部分实验操作、数据收集与分析以及文字校对工作，在此一并表示感谢。另外，由于纤维负载催化技术涉及面较广，而作者知识和经验又有限，疏漏之处在所难免，敬请读者朋友们批评指正。

史显磊
2019 年 8 月

目 录

第1章 绪论

1.1 绿色化学与绿色催化技术概述 ········· 1
  1.1.1 绿色化学的发展和研究趋势 ········· 1
  1.1.2 绿色催化技术应用现状 ········· 4
1.2 负载催化 ········· 6
  1.2.1 无机载体负载催化 ········· 7
  1.2.2 有机高分子载体负载催化 ········· 11
  1.2.3 其它复合载体负载催化 ········· 15
1.3 腈纶纤维 ········· 19
  1.3.1 合成纤维简介 ········· 19
  1.3.2 腈纶纤维及其功能化 ········· 20
  1.3.3 腈纶纤维作为催化剂载体的一般优势 ········· 25
参考文献 ········· 26

第2章 腈纶纤维负载有机碱催化剂

2.1 负载有机碱催化剂介绍 ········· 29
2.2 腈纶纤维负载有机碱催化剂的制备与表征 ········· 35
  2.2.1 制备方法 ········· 36
  2.2.2 表征手段与分析 ········· 37
2.3 腈纶纤维负载有机碱催化剂在 Knoevenagel 缩合反应中的应用 ········· 42
  2.3.1 催化 Knoevenagel 缩合反应的一般步骤 ········· 42
  2.3.2 反应条件的优化 ········· 42
  2.3.3 反应底物的扩展 ········· 43
  2.3.4 催化循环与体系放大 ········· 44

  2.3.5 催化所合成化合物的表征数据 ………………………… 46
2.4 应用评述 ……………………………………………………… 49
参考文献 ……………………………………………………………… 50

第3章 腈纶纤维负载 Brønsted 酸催化剂

3.1 负载 Brønsted 酸催化剂介绍 ……………………………………… 51
3.2 腈纶纤维负载 Brønsted 酸催化剂的制备与表征 ……………… 61
  3.2.1 制备方法 ……………………………………………… 61
  3.2.2 表征手段与分析 ……………………………………… 62
3.3 腈纶纤维负载 Brønsted 酸催化剂的应用 ……………………… 64
  3.3.1 腈纶纤维负载 Brønsted 酸催化剂在 Biginelli
     反应中的应用 ………………………………………… 64
  3.3.2 腈纶纤维负载 Brønsted 酸催化剂在 Pechmann
     缩合反应中的应用 …………………………………… 66
  3.3.3 腈纶纤维负载 Brønsted 酸催化剂在吲哚
     Friedel-Crafts 烷基化中的应用 ……………………… 67
  3.3.4 腈纶纤维负载 Brønsted 酸催化剂在果糖脱水
     转化为 HMF 中的应用 ……………………………… 68
  3.3.5 催化循环与体系放大 ………………………………… 68
  3.3.6 催化所合成化合物的表征 …………………………… 71
3.4 应用评述 ……………………………………………………… 82
参考文献 ……………………………………………………………… 83

第4章 腈纶纤维负载相转移催化剂

4.1 负载相转移催化剂介绍 ……………………………………… 85
4.2 腈纶纤维负载相转移催化剂的制备与表征 ………………… 87
  4.2.1 制备方法 ……………………………………………… 87
  4.2.2 表征手段与分析 ……………………………………… 88
4.3 腈纶纤维负载相转移催化剂在亲核取代反应中的应用 …… 93
  4.3.1 催化亲核取代反应的一般步骤 ……………………… 93
  4.3.2 反应条件优化 ………………………………………… 93
  4.3.3 反应底物扩展 ………………………………………… 95
  4.3.4 催化循环与体系放大 ………………………………… 96
  4.3.5 相转移催化机制 ……………………………………… 97

    4.3.6　催化所合成化合物的表征 …………………………… 98
  4.4　应用评述 ……………………………………………………… 101
  参考文献 …………………………………………………………… 101

第5章　腈纶纤维负载离子液体型催化剂

  5.1　负载离子液体催化剂介绍 …………………………………… 102
  5.2　腈纶纤维负载离子液体型催化剂的制备与表征 …………… 106
    5.2.1　制备方法 ………………………………………………… 106
    5.2.2　表征手段与分析 ………………………………………… 107
  5.3　腈纶纤维负载离子液体型催化剂在 CO_2 环加成
        反应中的应用 ……………………………………………… 110
    5.3.1　催化 CO_2 环加成反应的一般步骤 …………………… 110
    5.3.2　反应条件优化 …………………………………………… 111
    5.3.3　反应底物扩展 …………………………………………… 112
    5.3.4　催化环与体系放大 ……………………………………… 113
    5.3.5　对比结果 ………………………………………………… 114
    5.3.6　催化所合成化合物的表征 ……………………………… 115
  5.4　应用评述 ……………………………………………………… 117
  参考文献 …………………………………………………………… 117

第6章　腈纶纤维负载铜配合物催化剂

  6.1　负载铜配合物催化剂介绍 …………………………………… 120
  6.2　腈纶纤维负载铜配合物催化剂的制备与表征 ……………… 124
    6.2.1　制备方法 ………………………………………………… 124
    6.2.2　表征手段与分析 ………………………………………… 125
  6.3　腈纶纤维负载铜配合物催化剂在端炔偶联反应中
        的应用 ……………………………………………………… 128
    6.3.1　催化端炔偶联反应的一般步骤 ………………………… 128
    6.3.2　反应条件优化 …………………………………………… 128
    6.3.3　反应底物扩展 …………………………………………… 129
    6.3.4　催化剂的循环使用与体系放大 ………………………… 130
    6.3.5　对比结果 ………………………………………………… 131
    6.3.6　催化所合成化合物的表征 ……………………………… 132
  6.4　应用评述 ……………………………………………………… 134

参考文献 …………………………………………………………… 135

第 7 章　腈纶纤维负载铁配合物催化剂

7.1　负载铁配合物催化剂介绍………………………………………… 137
7.2　腈纶纤维负载铁配合物催化剂的制备与表征…………………… 140
　　7.2.1　制备方法………………………………………………… 140
　　7.2.2　表征手段与分析………………………………………… 141
7.3　腈纶纤维负载铁配合物催化剂在 Biginelli 反应中
　　　的应用 …………………………………………………………… 144
　　7.3.1　催化 Biginelli 反应的一般步骤 ………………………… 144
　　7.3.2　反应条件优化…………………………………………… 144
　　7.3.3　反应底物扩展…………………………………………… 146
　　7.3.4　催化剂的循环使用与体系放大………………………… 146
　　7.3.5　对比结果………………………………………………… 148
　　7.3.6　催化所合成化合物的表征……………………………… 149
7.4　应用评述………………………………………………………… 154
参考文献 …………………………………………………………… 154

第1章

绪　论

1.1　绿色化学与绿色催化技术概述

当下，随着人口的急剧增加，资源消耗日益扩大，人均耕地、淡水和矿产等自然资源的占有量逐渐减少，人口与资源的矛盾也越来越尖锐；此外，人类的物质生活随着工业化的发展而不断改善，大量排放的生活污染物和工农业废弃物使人类的生存环境日益恶化，人类正面临着有史以来最严重的环境危机。化学工业及相关产业作为国民经济的支柱产业之一，为人类的物质文明做出了重要贡献，但其生产活动过程中，也产生了大量的废弃物，目前全世界每年产生的（3~4）亿吨危险废弃物，给全球环境造成了严重破坏，也给人类健康带来了不可忽视的威胁，一些著名的环境事件多数与"化学"有关，诸如臭氧层空洞、大气污染、白色污染、酸雨和水体富营养化、水质污染等。一方面，传统化学工业任其发展下去，废物排放产生的代价是庞大的，甚至难以估量[1]（图1-1）；另一方面，危机意识也促使着人们利用科学技术来探索新的且环境友好的化学化工过程，即发展"绿色化学"[2]。

1.1.1　绿色化学的发展和研究趋势

绿色化学的理念，可以追溯至20世纪70年代。早在1970年，Morton在布朗大学工作期间，就制作了《实验室零排放手册》(Zero Effluent Lab Manual)。随后，Kletz于1978年在其论文中提出并倡议，化学工作者应该在涉及有害的物质和过程方面，寻找其可以替代的途径[3]。然而直到1991年，"绿色化学"这一术语才正式被耶鲁大学Anastas教授启用，进而为人们所熟识。此后的几年里，在世界各地也创建了数以百计的绿色化学项目及政府措施，如1995年设立的美国总统绿色化学挑战奖；1999年绿色化学的戈登会议（Gor-

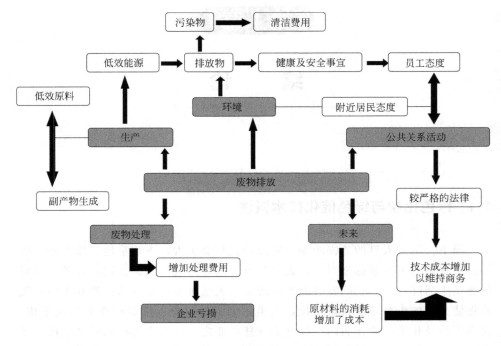

图 1-1　废物排放产生的代价

don Conference）在英国牛津召开，掀起了欧洲绿色化学的浪潮，英国皇家化学会还开始创办了《绿色化学》（Green Chemistry）国际期刊；我国也于 1999 年北京第 16 次九华山科学论坛中专门讨论了"绿色化学的基本科学问题"等。

绿色化学又称环境无害化学、环境友好化学、清洁化学，是利用化学的方法去减少或消除那些对人类健康、社区安全、生态环境有害的原料、催化剂、溶剂或试剂、产物、副产物等的使用和产生的新技术，即通过设计、开发和实施无害的化学工艺和产品，以减少或消除有害人类健康和环境的物质使用和产生。它涉及有机合成、催化、生物化学、分析化学等多个学科，内容广泛，其最大特点和研究目标是在始端就采用预防污染的科学手段，不再使用有毒、有害的物质，不再产生废物，即从源头上阻止污染，使得化学过程和终端均为零排放或零污染[4]。因此，绿色化学的发展对解决环境问题，以及社会、经济的可持续发展都具有重要的意义。

从根本上来讲，绿色化学要求化学工作者从一个崭新的角度来审视"传统"的化学研究和化工过程，并以"环境友好"为基础和出发点来提出新的化学问题，开发出新的化工技术。其核心的 12 条原则[5~7] 如下：①预防环境污染,从源头制止污染,而不是在末端治理污染;②原子经济性,化学合成的设计要最大限度地将生产过程使用的所有原料纳入最终产品中;③无害化学合成,在合成方法中尽量不使用和不产生对人类健康和环境有毒有害的物质;④设计较安全的化学物质,设计化学产品要让它发挥所需功能而尽量减少其毒性;⑤较安全的溶剂和辅料,尽可能少用溶剂等辅料,不得已使用时它们必须是无害的;⑥提高能源经济性:从环境和经济影响的角度重新认识化学过程的能源需求,并应尽量减少能源使用,可能时合成过程应在常温常压下进行;⑦使用可再生原料,技术和经济上可行时要尽量采用可再生原料代替消耗性原料;⑧减少衍生物,用一些手段如锁定基团、保护与反保护和暂时改变物理、化学过程,尽量减少不必要的衍生物;⑨新型催化剂的开发,采用高效、高选择性的催化剂,一般催化物质要优于化学计量物质;⑩降解设计,化学产品在使用完后应能降解成无害的物质,并且能顺利进入自然生态循环;⑪防止污染进程中的实时分析,发展适时分析和检测技术以便监控有害物质的形成,并在生成有害物质前加以控制;⑫预防意外事故的安全工艺,选择化学生产过程的物质,使化学意外事故(爆炸、火灾、渗透等)的风险降低到最低程度。这12条基本原则为国际化学界所公认,它反映了近年来在绿色化学领域中所开展的多方面的研究内容,同时在一定程度上也指明了未来绿色化学发展的方向。

绿色化学作为国际学科的前沿,是一个十分有生命力和前景的发展方向,其研究涉及多学科的交叉融合且领域非常之广,大力发展绿色化学在化学界取得了广泛的共识,目前也取得了显著的进展。

在医药、农药等精细化学品领域,开发"原子经济性"反应[8,9]。如Boots公司通过Brown方法合成布洛芬镇静、止痛药,原子经济性只有40%,而BHC公司新发明的绿色方法原子经济性可达99%。

开发利用新的或非传统的"洁净"反应介质[10]。如超临界CO_2代替有毒、有害溶剂得以推广,在近临界水中进行有机反应,以离子液体作为反应介质和催化剂的应用[11]等。

可再生能源领域,利用生物质资源来生产大宗有机化工产品和超清洁生物柴油也已得到应用,尤其是生物质转化为平台化合物的研究取得了显著成果[12,13]。

催化技术革新,大宗石油化工产品的绿色技术也迅速发展。如发明钛硅分子筛作为氧化催化剂、采用H_2O_2为氧化剂[14]等。

绿色生产技术的综合利用,从安全可再生的原料出发,采用高效稳定催化剂和工艺流程,设计原子经济性反应等。例如,碳一化工中利用CO_2转化为甲醇的新工艺[15]等。

此外，绿色化学力求在分子水平上实现可持续性，这一目标已适用于所有工业部门，从航空航天、汽车、化妆品、电子、能源、家用产品、医药到农业，有数百个成就获奖和经济竞争技术的成功应用。

总的来讲，绿色化学作为一门从源头上阻止环境污染的新兴学科，是当今国际化学科学研究的前沿。从科学的观点看，力求使化学反应具有"原子经济性"，并清洁高效，是化学科学基础的创新；从环境的观点看，实现废物的"零排放"，从源头上消除污染，有利于环境保护并造福子孙后代；从经济的观点看，合理利用资源和能源、降低生产成本，是发展生态工业的关键，符合经济和社会可持续发展的要求。目前，绿色化学技术已经成为世界各国政府关注的最重要问题与任务之一，政府直接参与，产学研密切合作已成为国际上绿色化学研究与发展的显著特点。

1.1.2 绿色催化技术应用现状

绿色化学，就其本质而言要求化学品的生产应最大限度地合理利用资源，最低限度地产生环境污染和最大限度地维护生态平衡。它对化学反应的要求是：①采用无毒、无害的原料；②在无毒无害及温和条件下进行反应；③反应应具有高的选择性；④产品应是环境友好的。这四点中有两点涉及催化剂，人们将这类催化反应称为绿色催化反应，其所用的催化剂也可称作绿色催化剂。总的来讲，绿色催化技术是指通过使用无毒、无害、催化活性高、稳定性好且不腐蚀反应器的催化剂，在生产过程中不产生或极少产生工业"三废"、原子利用率高、原材料消耗低、操作简便、易分离、易再生等温和条件即可开展的清洁生产工艺。

虽然，绿色化学在很多领域都进行了积极的探索和尝试，也取得了很好的效果，但在大规模的工业化生产应用及给环境带来显著改观方面还是很有限的[16]。最近，Giraud等人在美国化工行业做了一个关于绿色化学12原则实施的调查（图1-2），发现企业在生产过程中，虽然对"绿色化学"加以了重视，但是目前还很难完全付诸实践，而且包括"绿色催化技术"在内的多个领域还远未达到绿色化学的标准[17]。

因此，绿色化学无论在学术界还是在工业界，均面临着很多巨大的挑战，这就要求科研工作者不断对原有化学技术进行改良，并对新的化学工艺进行积极探索。尤其是在催化领域，催化是化学工业的基石，是绿色化学技术能否实施的关键。一方面，大量催化剂的开发及应用，使化学工业得到了快速发展，据统计，约有80%~85%的化学品是通过催化工艺生产的，而其中绝大多数工艺是20多年前开发的，其与"绿色化学"的标准还相差甚远，此外，过去

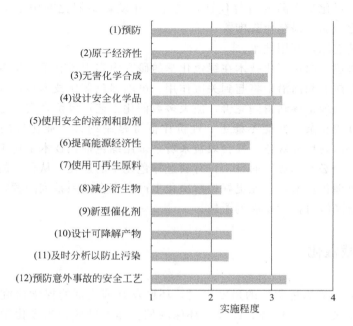

图 1-2　绿色化学 12 原则在化工行业实施频率
1—从未实施；2—很少实施；3—定期实施；4—完全实施

在研制催化剂时只考虑其催化活性、寿命、成本及制备工艺，极少顾及环境因素等，也造成绿色催化技术应用的严重不足；另一方面，尽管文献中每年报道的绿色催化技术不计其数，但是在真正的工业生产中其可靠性、成本要求及订单期限等方面的考量，又阻碍了绿色催化工艺的进一步实施。因此，化学工业领域绿色催化技术的开发和应用任重而道远。近年来，以清洁生产为目的的绿色催化工艺及催化剂开发，已成为当今绿色化学研究领域的一大热点。

目前，绿色化工过程中的催化剂的开发主要包括三个方面：固体酸催化剂、固体碱催化剂和金属催化剂。这些催化剂不仅具有较高活性和选择性，而且催化剂和反应体系易于分离，新型绿色化工催化已成为实现化学工业从低污染向阻止污染方向转变的关键。从绿色催化技术的定义中可以清楚地看到，绿色催化在以下几个方面将有所作为：

（1）针对化学反应的特性和工艺流程，充分考虑原子经济性和选择性（包括化学选择性、区域选择性和立体选择性），设计、开发新型催化剂，提高现有化工生产工艺的绿色化程度；

（2）针对化工原料的可再生性，设计、开发新型催化剂用于新原料、新底物的反应过程，提高化学生产中资源利用的绿色化程度；

（3）针对化工产品的可替代性，设计、开发新型催化剂用于全新反应过程，提高化学品的绿色化程度；

（4）其它综合利用技术。

综上所述，绿色催化技术在绿色化学的研究内容中占有重要位置，在绿色化学的研究热点和前沿中将起到关键作用。虽然绿色催化技术包括催化剂制备和工艺流程的理论逐渐得到完善，但大多数催化工艺还停留在实验室阶段，催化剂制备过程复杂，性能不稳定，性价比低等是制约其工业化应用的主要原因。但从长远的环境效益、社会效益来看，采用绿色催化技术是化工生产实现零污染的一个必然趋势。而且，只有通过绿色化学的途径，从科学的角度出发来发展绿色催化技术，才能更好地解决化工产所存在的一系列问题，进而解决环境污染与经济可持续发展的矛盾。

1.2 负载催化

近年来，从绿色化学的角度出发，环境友好催化剂的探索研究越来越受到人们的重视，开发经济、高效、环保的催化体系已成为当今化学研究领域的一大热点[18]。其中，将难以回收的催化活性成分负载于载体材料，开展负载催化，以期获得催化体系更高的活性和选择性的研究备受化学工作者的关注[19,20]。负载催化结合了催化剂的功能和载体材料本身的优点，一方面保持或提高了催化剂的活性；另一方面也大大简化了分离操作，便于催化剂的循环使用等（图1-3）。因此，设计、开发新型负载催化剂具有十分重要的意义。

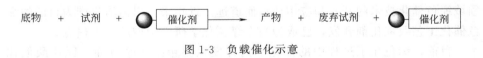

图1-3 负载催化示意

载体又称作"担体"，是负载催化剂不可或缺的成分，在使用时一般具有严格的要求。例如，载体须具有化学稳定性，合适的形状、尺寸和机械强度等，以符合反应器的操作要求；另外载体还须具有较大的比表面积，可使活性组分在其表面分散，进而提高单位质量活性组分的催化效率等；而且只有适合催化剂的载体才能和催化剂完美结合，得到更为有效的负载型催化剂。因此，开发廉价易得、稳定高效且具有普适性的载体，仍是催化领域研究的重点之一。目前，负载催化领域常使用的载体可分为三类，即无机载体、有机高分子载体和其它复合材料。

1.2.1 无机载体负载催化

常见的无机载体有二氧化硅或硅胶、铝、镁、玻璃、黏土、石墨、分子筛等。二氧化硅表面的硅醇基团可通过多种金属配合物或配位基团进行修饰（图1-4，图1-5），而且由于其比表面积、孔径等因素使得其比较适合用作载体[21]，另外，最近有关以介孔分子筛作为载体的报道也很多。

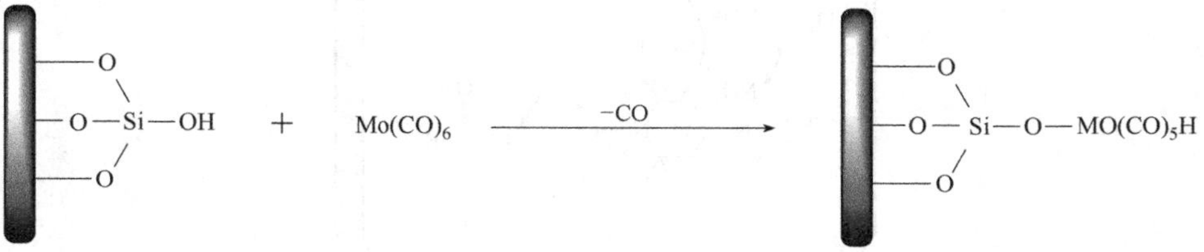

图1-4 二氧化硅通过金属配合物直接键合修饰

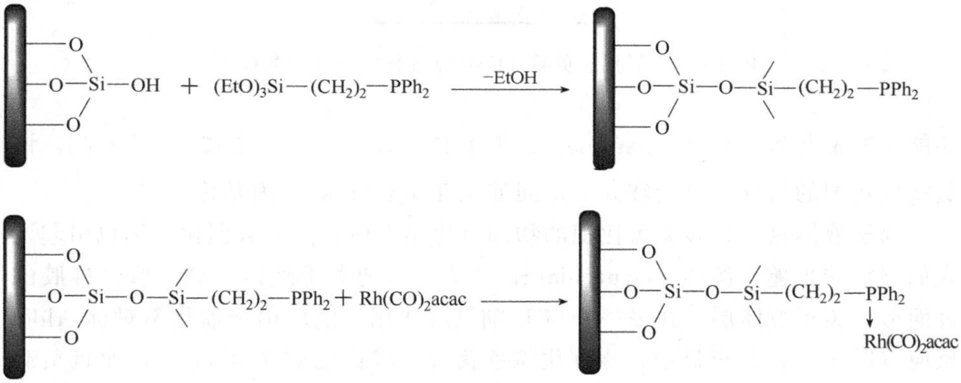

图1-5 二氧化硅通过硅醇基团修饰

四甲基哌啶氧化物（TEMPO）被广泛应用于多种氧化反应，由于其催化反应时以均相存在，造成了后续对其回收与分离的困难。Zhang等人[22]成功地将2,2,6,6-四甲基哌啶氮氧自由基负载于二氧化硅上，进而将其用于醇氧化为醛或酮的反应（图1-6）。研究结果显示，该负载于二氧化硅上的TEMPO催化剂具有较高的催化活性，选择性也超过99%，而且循环使用达10次，活性没有明显下降。

制备和利用负载包含酸、碱双活性位点的催化研究也引起了人们的关注。例如，Baba小组将金属钯和叔胺基团同时负载到二氧化硅的表面，制备了双

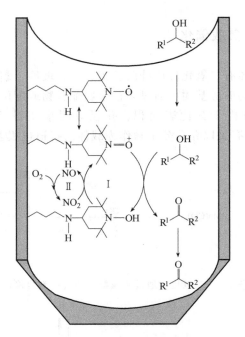

图 1-6　二氧化硅负载 TEMPO 催化醇氧化为醛或酮

功能化的催化剂 [SiO$_2$/diamine（二胺）/Pd/NEt$_2$（二乙基胺），图 1-7]，该负载催化剂的活性成分能够高效协同催化 Tsuji-Trost 烯丙基化反应[23]。

离子液体具有许多无可比拟的物理及化学性质，其负载催化应用也引起了人们强烈的兴趣。例如，Gruttadauria 等人[24]把离子液体负载于改性硅胶的表面形成离子液体层，并进一步与 L-脯氨酸作用，然后用于催化不对称 Aldol 反应（图 1-8），结果显示，该催化体系获得了较高的收率和 ee 值，而且负载离子液体可重复使用 7 次。

介孔分子筛是近年来兴起的一项重要化工技术，其在催化、分离、生物及纳米材料等领域有着广泛的应用前景，其中 MCM-41 和 SBA-15，具有孔道呈有序排列、大小均匀、孔径可连续调节、比表面积大、水热稳定性高等优势，也为负载催化领域开辟了新的研究方向。

Tu 等首次报道了手性配体 N-对甲苯磺酰基-1,2-二苯基乙二胺（TsDPEN）与钌的有机配合物，分别负载于硅胶、MCM-41 及 SBA-15 上的催化体系，以苯乙酮为例考察了不同无机载体材料上的还原特性（图 1-9），发现上述体系均具有很高的活性和对映选择性，另外，负载催化剂的稳定性也较好，循环使用 10 次，活性和对映选择性几乎没有下降[25]。

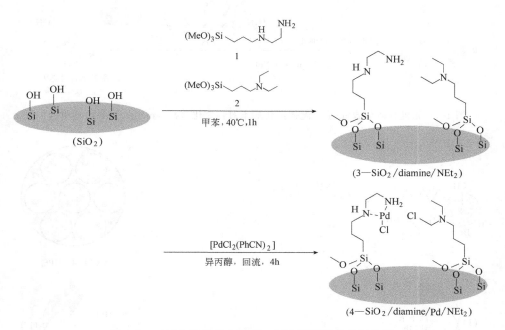

图 1-7 二氧化硅负载金属钯、叔胺双活性位点催化剂

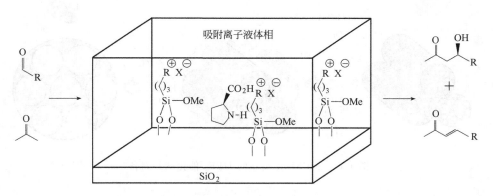

图 1-8 硅胶负载离子液体及 L-脯氨酸催化的 Aldol 反应

Mukhopadhyay 小组[26]把 HPF_6 负载到 MCM-41 上（图 1-10），并通过比表面积（BET）、X 射线衍射（XRD）、高分辨透射电镜（HRTEM）、能谱测试（EDX）、核磁共振（^{29}Si NMR）、热重分析（TGA）、傅里叶变换红外光谱（FTIR）、pH 值测试等一系列的表征后，将其用于催化多组分反应来合

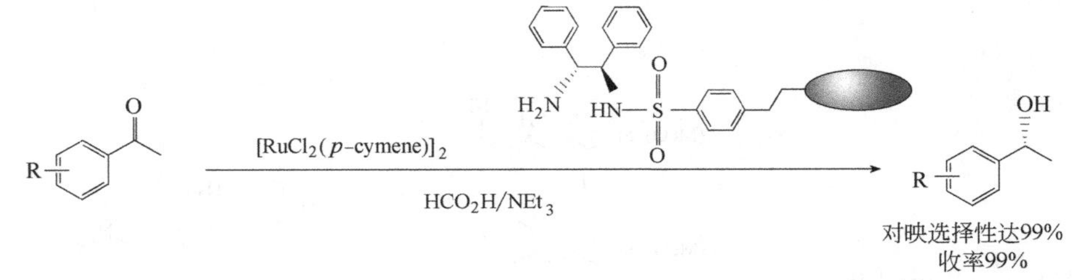

图 1-9 无机载体负载钌-手性配体催化酮不对称氢化（p-cymene：4-异丙基甲苯）

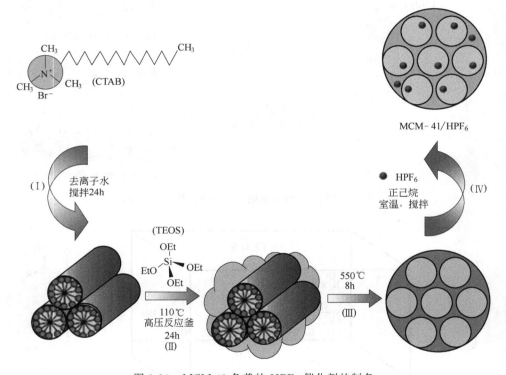

图 1-10 MCM-41 负载的 HPF_6 催化剂的制备

成 1,4-二氢吡啶类化合物，得到了 23 个新化合物（收率 73%～99%），另外，该负载催化剂循环使用 5 次，催化效果没有明显降低，且置露于空气中 10 天，催化活性仍能保持。

Chen 等[27]报道了将 SBA-15 通过羧基功能化，来负载铜纳米颗粒，并将其用于水-气体的迁移反应（WGS，图 1-11）。研究发现，当铜纳米颗粒的尺寸为 2nm 时，WGS 反应获得了最高的转换率。

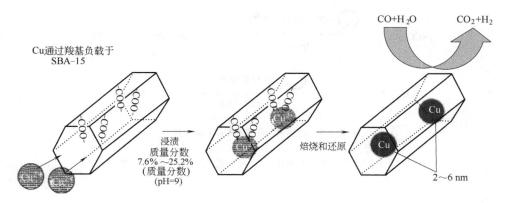

图 1-11　SBA-15 负载铜纳米颗粒催化的 WGS 反应

1.2.2　有机高分子载体负载催化

有机高分子材料作为催化剂载体在合成反应中的应用十分广泛，而且由于高分子材料的可设计性及种类繁多，给负载化带来了极大的自由度和选择。目前，最常用的有机高分子载体有树脂（包括：聚苯乙烯、聚乙烯、二乙烯基苯共聚物等）、聚乙二醇和纤维素等。

负载酸催化剂除具有负载型催化剂的一般优点外，还由于其便于储存与运输、对设备无腐蚀、消除了废酸对环境的污染等优点，受到了人们的重视。Kobayashi 小组[28]制备了聚苯乙烯树脂负载的磺酸催化剂（PS-SO$_3$H），进而将这种疏水的固体酸催化剂用于催化水相硫酯的水解与硫醇的保护（图 1-12），并表现出了较高的催化活性，与此相对应，小分子的酸如硫酸、对甲苯磺酸等以及固体的磺酸树脂对此类反应却不起作用。

金属有机化学的发展为有机合成方法学提供了一系列高活性和高选择性的新型催化剂，采用有机高分子载体负载贵金属催化剂，也成了当今合成化学研究领域的一大热点。Bae 等[29]报道了利用可溶性间同立构的聚苯乙烯树脂来负载三苯基膦钯的配合物（sPS-TPP-Pd，图 1-13），并将其用于催化 Suzuki-Miyaura 交叉偶联的反应。当反应结束后，向反应体系中加入载体的不良溶剂甲醇，催化剂可通过过滤进行回收，而且催化剂循环使用 5 次，催化效果没有明显降低。

Merrifield 树脂（氯甲基苯乙烯-二乙烯基苯-苯乙烯共聚物）也是高分子负载催化中常用的载体。例如，Islam 小组将过氧化钼负载于该树脂

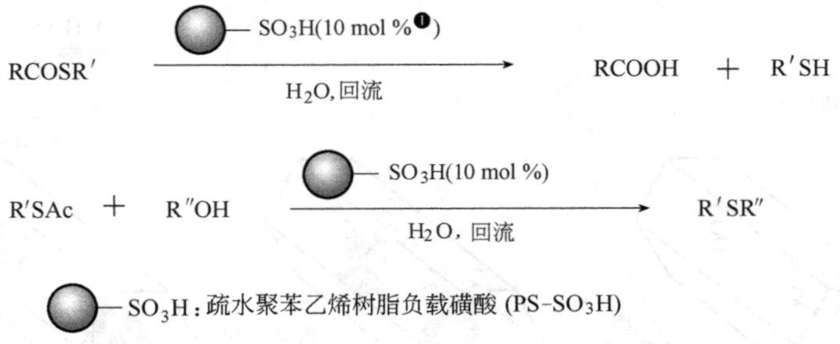

图 1-12 PS-SO$_3$H 催化水相硫酯的水解与硫醇的保护

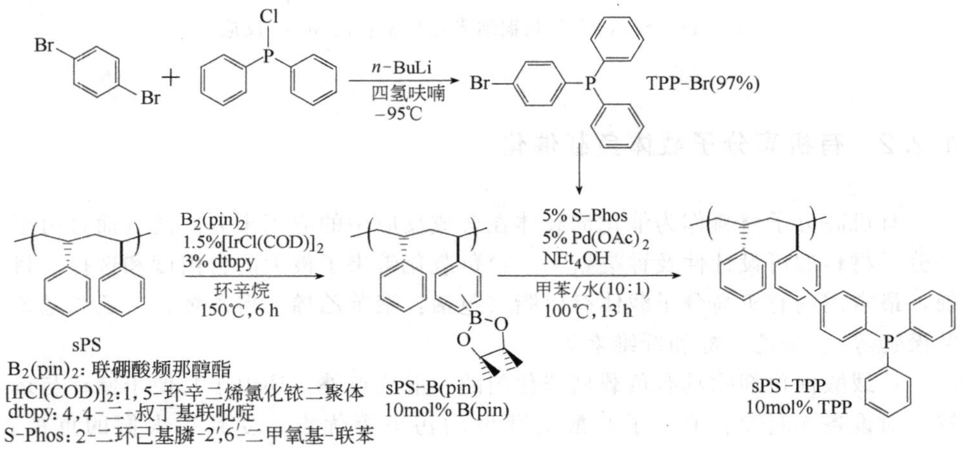

图 1-13 sPS-TPP-Pd 的制备

（图 1-14），用于硫醚化合物的选择性氧化[30]。研究显示，该负载催化体系以 30%的双氧水为氧化剂时，硫醚被氧化为亚砜，而双氧水的浓度为 50%时，得到的主要产物是砜类化合物。另外，该负载催化剂循环使用 6 次，活性和选择性均能保持。

Cai 等人[31]利用氯甲基化的聚苯乙烯树脂作为载体，通过"点击化学"制备了负载的氮杂卡宾（NHC）银配合物，进而在较低的催化剂用量下（0.1mol%），用于室温、一锅法反应来合成炔丙基胺类化合物（图 1-15）。结果表明，产物的收率在 71%～94%，而催化剂循环使用 6 次，收率从 92%降至 82%。

---

❶ 即摩尔分数，全书同。

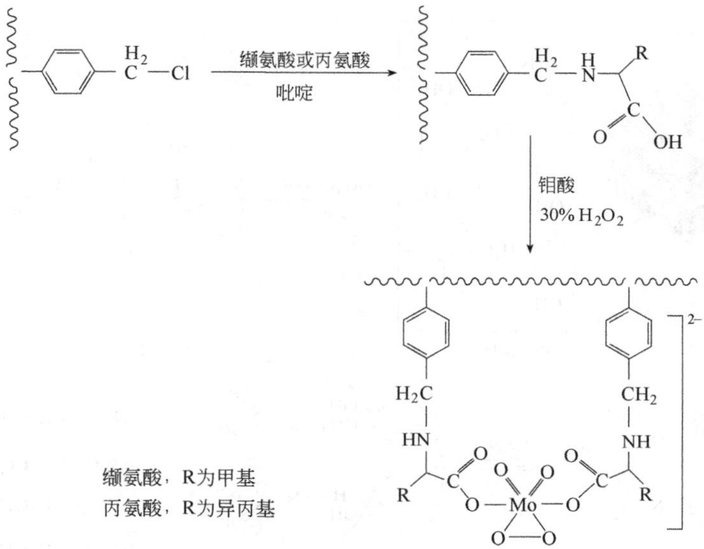

图 1-14 Merrifield 树脂负载过氧化钼的制备

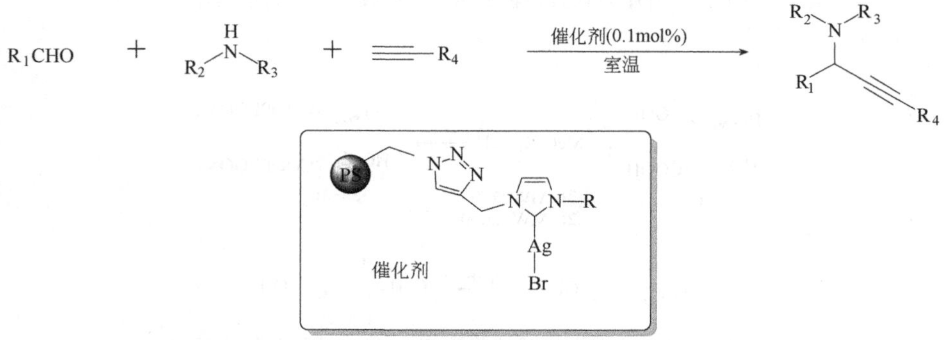

图 1-15 高分子负载 NHC-银配合物催化合成炔丙基胺

有机高分子载体也被用于离子液体的负载化催化研究。He 研究组将咪唑基的离子液体负载于有序介孔聚合物材料（FDU-15，类似氯甲基化的聚苯乙烯树脂）上，用于 CO_2 与环氧化合物的环加成反应（图 1-16）。CO_2 压力为 1MPa，110℃下反应 3h，可高收率和高选择性的得到环加成的产物，而且该负载型离子液体循环使用 5 次，催化性能得以保持[32]。

聚乙二醇（PEG）类，在高分子负载催化领域也有着广泛的应用。例如，Wang 小组[33] 将 L-(＋)-酒石酸通过酯化反应负载到聚乙二醇单甲醚

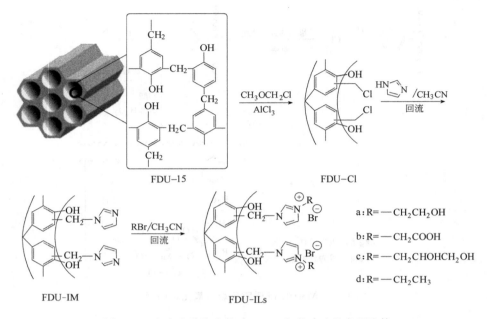

图 1-16 有序介孔聚合物 FDU-15 负载咪唑基离子液体

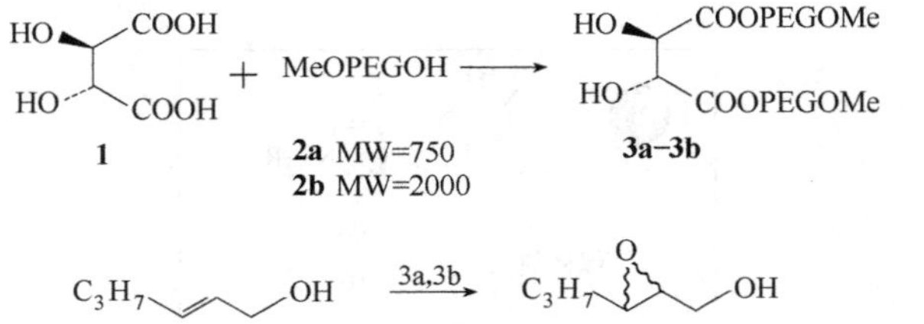

图 1-17 PEG 负载酒石酸催化的 Sharpless 烯烃环氧化反应

(MeOPEGOH) 上,以反式-2-烯-1-己醇为例,用于催化烯烃的不对称环氧化反应 (图 1-17)。研究显示,最终环氧化物的分离收率达 66%,ee 值达 93%。

Zhang 等人[34]又将 PEG 负载的磺酸 (PEG-OSO$_3$H) 协同 Lewis 酸 (MnCl$_2$),用于离子液体 ([BMIM]PF$_6$) 中催化戊糖脱水转化为糠醛的反应 (图 1-18)。以木糖为例,在 120℃ 的反应温度下,反应 18min,糠醛的收率可达 75%,PEG-OSO$_3$H 单独循环使用 9 次,糠醛的收率从 75% 降至 59%;而离子液体体系包含 PEG-OSO$_3$H 和 MnCl$_2$ 整体循环时,使用 8 次,收率从 75% 降至 68%。

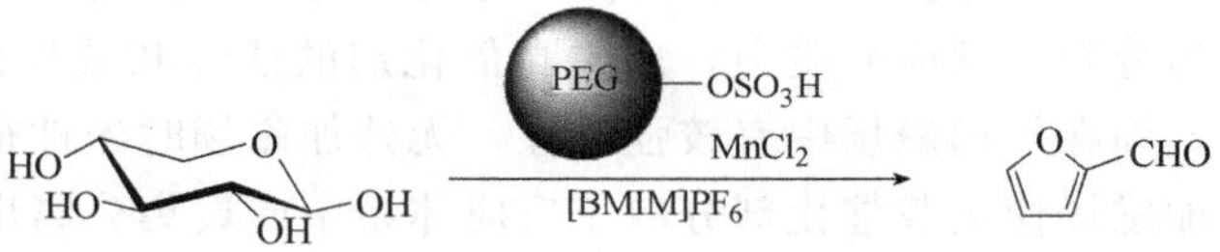

图 1-18　PEG-OSO$_3$H 和 MnCl$_2$ 协同催化离子液体中木糖脱水转化为糠醛

纤维素作为丰富的天然可再生高分子聚合物，具有廉价、无毒、可生物降解等优点，而且其还具有很高的稳定性，因此，将其用作载体材料也具有一定的优势，纤维素负载离子液体[35]、金属纳米片以及纳米颗粒的催化应用已见诸报道。例如，Moores 研究组报道了纤维素纳米微晶负载的钯纳米颗粒，用于催化苯酚的氢化和 Heck 偶联反应（图 1-19），研究结果显示，在催化剂用量为 0.5%（质量分数）时，反应 24h，苯酚的转化率达 90%，而且 Heck 反应（碘苯和苯乙烯为底物）的转化率也可达 75%[36]。

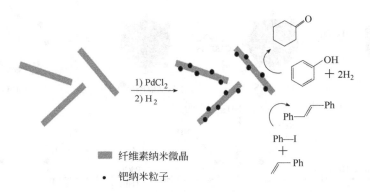

图 1-19　纤维素纳米微晶负载钯纳米颗粒催化苯酚的氢化及 Heck 偶联反应

1.2.3　其它复合载体负载催化

随着负载催化研究的深入，以及材料科学的进一步发展，一些复合型并具有特定性能的材料也被用作催化剂载体，并对负载催化的研究起到了很大促进作用。目前，常用的一些复合型材料有磁性纳米颗粒（MNPs）、碳纳米管（CNTs）、金属有机框架化合物（MOFs）等。

设计合成磁性纳米颗粒（MNPs）用作催化剂载体，在负载催化领域的应用受到了不少关注[37]。主要是由于：①MNPs 粒径足够的小（磁性 Fe_3O_4 晶体直径<30nm），且具有较大的比表面积，可高密度负载催化剂，而且催化活性位点能够均匀分布于反应介质中，来提高催化剂的活性和选择性；②MNPs 具有超顺磁性，即在外加磁场中有较强磁性，无外加磁场时磁性很快消失，可以通过控制外加磁场使负载催化剂分散于反应体系中或聚集分离出来，具有操作简便和分离效率高的优点。

例如，将疏水的磁性 Fe_3O_4 纳米颗粒附着于羧基化的聚苯乙烯乳胶，再在其表面附着多孔的二氧化硅，然后在二氧化硅的表面引入氨基基团，进而再把 $PdCl_2$ 通过还原反应植入到壳穴中，得到了负载零价钯的复合磁性微球（HMMS-Pd，图 1-20）。接下来，通过 Suzuki 反应测试了该磁性负载催化剂的活性，乙醇为溶剂，以碳酸钾为碱，0.6mol% HMMS-Pd 用量，偶联产物的收率为 70%～99%，而且可通过外加磁力实现催化剂的回收，循环使用 6 次，催化活性没有明显降低，此外，该催化剂还能高效催化硝基苯类化合物的还原反应[38]。

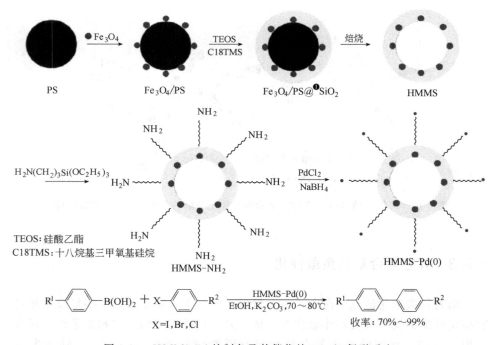

图 1-20　HMMS-Pd 的制备及其催化的 Suzuki 偶联反应

---

❶ @表示化学领域的"材料复合"或"配位螯合"，全书同。

碳纳米管（CNTs），即管状的纳米级石墨晶体，是单层或多层石墨片围绕中心轴按一定的螺旋角卷曲而成的无缝纳米级管，每层的C是sp^2杂化，形成六边形平面的圆柱面。碳纳米管具有较大的表面积，硬度高，具有高热稳定性，而且其内腔可通过尺寸和形状的选择性来区别，进而分散和稳定特定的纳米级金属颗粒，因此，碳纳米管作为催化剂载体是改善多相催化一个不错的选择。

例如，Saberi和Heydari合成了在磁性CNT包覆二氧化硅涂层（MagCNTs@SiO_2）上负载碘化亚酮的催化剂，随后将其用于醛和铵盐的直接氧化-酰胺化反应（图1-21）。结果显示，以乙腈为溶剂，叔丁基过氧化氢（t-Hydro）用作氧化剂，催化剂用量为0.2mol%时，60℃下反应6h，以中等至良好的收率合成了一系列的酰胺类化合物，而且，催化剂循环使用5次，催化活性基本保持不变[39]。

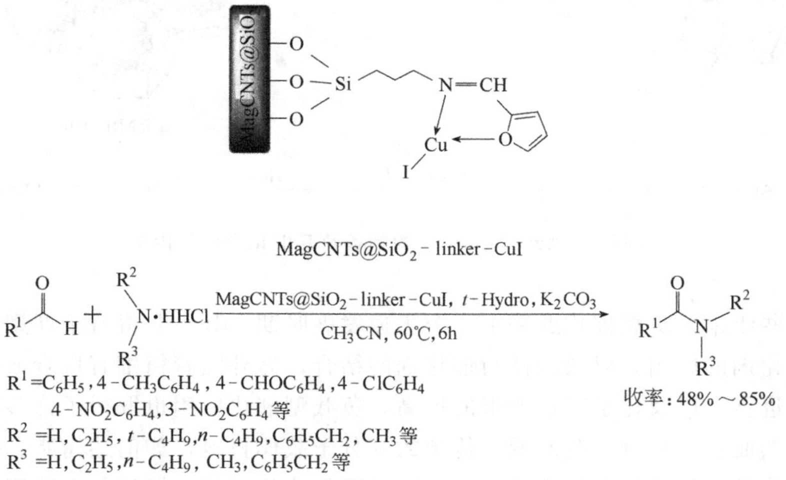

图1-21 MagCNTs@SiO_2-linker-CuI催化的芳醛与铵盐的氧化-酰胺化反应

金属有机框架化合物（MOFs），又称作多空配位聚合物，通常指金属离子或金属簇与有机配体通过自组装过程，形成的具有周期性无限网络结构的晶态材料，因此兼备了无机化合物和有机分子两者的特性。在近十几年里，MOFs作为新的研究领域，在磁性、荧光、分离、吸附、催化和储氢等诸多方面，显示了其独特的物理及化学性能。它与传统的沸石相比不仅具有无机和有机材料两方面的特点，而且还具有化学稳定性好、空隙率高、比表面积大、合成方便、骨架规模大小可变，以及可根据目标要求作化学修饰、结构丰富等优点，使得其在负载催化领域有着显著的应用价值。

例如，Cheng 等[40] 报道了他们的研究成果，将银纳米颗粒通过简单的液态浸渍的方法，负载于沸石型的 MOFs（MIL-101）上（图 1-22），得到了 MOFs 负载的银催化剂 Ag@MIL-101，并首次将其用于端炔与 CO_2 作用转化为炔丙酸的反应。研究结果显示，以 N,N-二甲基甲酰胺（DMF）为溶剂，在 2.7mol％银含量，1.5 倍量 Cs_2CO_3 和 1atm（1atm＝101325Pa）CO_2 条件下，50℃反应 15h，可以高收率地得到相应的炔丙酸化合物（收率 96.5％～98.7％），而且反应结束后，催化剂可以通过简单离心进而分离，循环使用 5 次，催化活性没有降低。

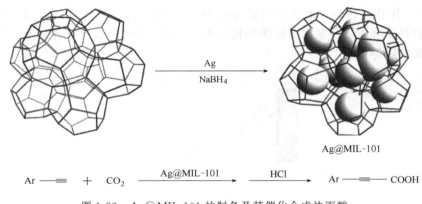

图 1-22　Ag@MIL-101 的制备及其催化合成炔丙酸

近些年来，负载催化迎来了一个飞速发展时期，其主要得益于新型载体材料和催化剂的应用，以及载体与催化剂的结合，另外随着精细有机合成和制药工业的进步，以及化学工业要求的提高，负载型催化应用也取得了许多突破性进展，然而也面临着一些问题。传统的高分子载体材料，如前述树脂、聚乙二醇、壳聚糖、纤维素和环糊精等，一般呈颗粒或粉末状，导致其在使用和回收过程中操作不便且很难避免流失，而且大多情况下活性组分负载率不高，易流失或寿命短；目前常用的一些新型复合高分子载体材料，由于其制备过程较为烦琐，使用成本高；另外，负载活性金属还容易团聚，并受限于载体材料的特定物理性状而难以进行二次加工利用，导致其在连续催化和规模应用时存在着诸多困难。除此之外，负载催化体系还存在着扩散与吸附不够畅通的弊端，导致生物质基质在催化转化过程中条件控制苛刻，且速率低，选择性不高。

综上所述，开发和利用廉价易得、稳定高效且易于负载化应用的载体材料，仍然是负载催化研究领域的一个重要方向，而且精细化工和制药工程领域所涉及的大多数基元反应，其连续可控催化也亟需新型催化剂的革新。总的来讲，绿色化学在化工生产过程中的实施，在很大程度上也依赖于催化剂的进步，因此，设计、开发新型、高效、经济、环保的催化剂及催化体系，是化学化工研究领域永不褪色的课题。

1.3 腈纶纤维

1.3.1 合成纤维简介

通常人们将长度比直径大千倍以上，且具有一定柔韧性和强度的纤细物质统称为纤维。纤维根据其来源又被分成两大类，即天然纤维和化学纤维。天然纤维是自然界中存在的，可以直接获取的纤维。所谓化学纤维，是人们利用天然或合成高分子聚合物，经化学反应和纺丝、加工处理后制得的纤维，通常被分作两类，其一为人造纤维，如纤维素纤维、人造蛋白质纤维等；其二是合成纤维，即以石油、天然气为原料，通过把人工合成的、具有适宜分子量的高分子聚合物，经纺丝成形和后处理而制得的化学纤维，如聚酯纤维（涤纶）、聚酰胺纤维（锦纶或尼龙）、聚乙烯醇纤维（维纶）、聚丙烯腈纤维（腈纶）、聚丙烯纤维（丙纶）、聚氯乙烯纤维（氯纶）等。以石油为原料生产的合成纤维如图1-23所示。

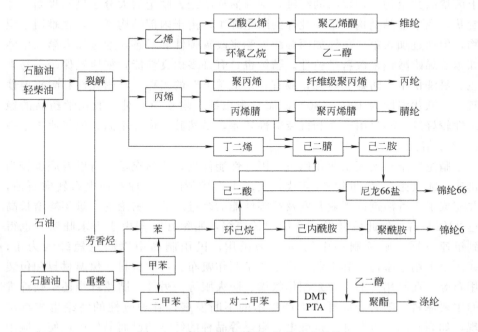

图1-23 以石油为原料生产的合成纤维

与天然纤维和人造纤维相比，合成纤维的原料是通过人工合成方法制得到的，因此，其生产不受自然条件的影响和限制。合成纤维除了具有化学纤维的一般优越性能外，如强度高、质轻、耐酸碱、弹性好、不怕霉蛀等，还具有耐摩擦、高模量、低吸水率、电绝缘等优良特性，另外，不同品种的合成纤维还具有某些独特的性能等，广泛应用各行业。

随着社会的发展，科技水平的进步及人们对材料性能要求的提高，新的具有特殊功能的纤维材料也层出不穷。在此基础上，对合成纤维通过物理或化学方法使其改性，且具有某种特殊性能的纤维功能化研究也变得越来越深入。物理改性主要是通过物理的途径如共混、复合等方式对纤维进行改性，物理改性的纤维主要有异形纤维、变形纤维和复合纤维等；化学改性则主要是通过化学的方法对纤维进行修饰，化学改性的纤维主要有接枝纤维、共聚纤维、化学修饰纤维等。鉴于本书的主要内容，接下来简单介绍一下腈纶纤维及其相应的功能化方法及应用。

1.3.2 腈纶纤维及其功能化

腈纶纤维（PANF），学名为聚丙烯腈纤维，通常是指含丙烯腈在85％以上丙烯腈共聚物或均聚物的纤维，国内简称腈纶。腈纶的大分子呈不规则的螺旋状，属于准晶结构，单一纯粹的腈纶纤维，由于内部结构紧密，很难用于织物，但通过加入第二单体如丙烯酸甲酯来改善弹性和手感，通过加入第三单体如苯乙烯磺酸钠来改善染色性。腈纶也具有许多优良性能，如质轻保暖、易染色、易洗快干、防蛀、防霉，故有"人造羊毛"的美称，其耐光性和耐辐射性较好，软化温度为190～230℃，而且耐虫蛀、耐霉菌，对一般化学药品的稳定性较好等，不过耐磨性和抗疲劳性较差，虽然其强度并不高，但仍比羊毛高1～2.5倍。

腈纶纤维自实现工业化以来，因其性能优良，原料充足，所以发展也较为迅速，尤其是在20世纪60年代，实现了丙烯腈的生产原料由电石转向石油，并完成了多种溶剂的工业开发及纤维性能的改进之后，腈纶的产量年均增长高达22％左右，但此后世界总产量增长趋缓，腈纶在我国由于需求旺盛，也得到迅速发展。腈纶制品中约90％为民用，民用制品中以腈纶短纤维为主，96％以上用于服饰；其工业用途主要是制作帆布、过滤材料、保温材料和包装用布等；在军用方面主要是制作帐篷、防火服等。另外，腈纶纤维还是碳纤维的主要原料。随着合成纤维生产技术的不断发展，各种改性的腈纶也相继出现，如高收缩、抗起球、抗静电、阻燃等品种的纤维均已商品生产，使之应用领域不断扩大。腈纶纤维的化学改性通常是通过纤维表面上基团的化学反应进而功能化的，例如氰基和甲氧羰基的水解、氨解等过程。

Supaphol 等人[41] 通过胺化反应，在腈纶纤维表面接枝二乙烯三胺，进而将该胺化纤维用于金属离子的吸附（图 1-24）。利用 Cu^{2+}、Ag^+、Fe^{2+}、Pb^{2+} 四种金属离子来检验其螯合性能，并研究影响螯合的因素，如 pH、初始浓度等，最终研究结果显示，胺化纤维对上述四种金属离子的吸附量（mg/g）分别为 150.6、155.5、116.5、60.6，而且纤维试样还可以通过盐酸处理再生。

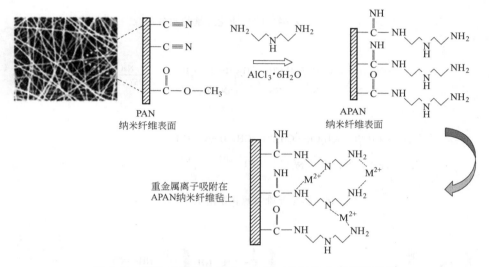

图 1-24　腈纶纤维胺化接枝二乙烯三胺吸附金属离子示意

Deng 等人[42] 也通过胺化反应将二乙烯三胺负载到腈纶纤维上，得到了可吸附 Pb^{2+} 和 Cu^{2+} 的离子交换纤维（图 1-25），并通过调节溶液 pH 值发现该纤维对 Pb^{2+} 和 Cu^{2+} 的最大吸附量，可分别达 25mg/g 和 60mg/g 以上。在此基础上，将该离子交换纤维用于去除水溶液中的 Cr^{3+} 和 Cr^{4+}，发现随着溶液 pH 值的升高，纤维对 Cr^{3+} 的吸附能力逐渐增强，对 Cr^{4+} 的吸附能力不断下降。由此提出了离子交换纤维对金属铬的吸附机理。

在氢氧化钠溶液中对腈纶纤维进行水解[43]（图 1-26），然后直接用水解后的腈纶纤维去除水溶液中的铜离子，结果显示，当溶液 pH 值在 2~6 时，铜离子吸附量随溶液 pH 值的增加而增加。

Zhao 等人[44] 利用磷酸基团接枝 PAN 纳米纤维（图 1-27），采用间歇吸附法去除水溶液中的 Cu^{2+}、Pb^{2+}、Cd^{2+} 和 Ag^+ 金属离子。结果表明，P-PAN 纳米纤维对 Pb^{2+}、Cu^{2+} 和 Ag^+ 的吸附等温线符合 Freundlich 等温模型，且 Langmuir 等温模式下 Cd^{2+} 的吸附更好。

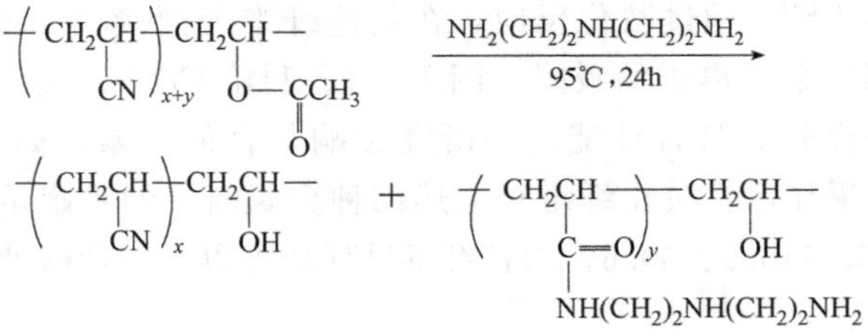

图 1-25 二乙烯三胺功能化纤维的制备示意

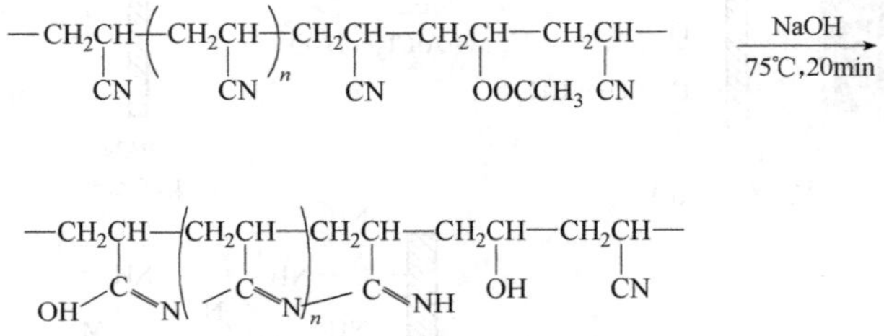

图 1-26 腈纶纤维氢氧化钠溶液中水解示意

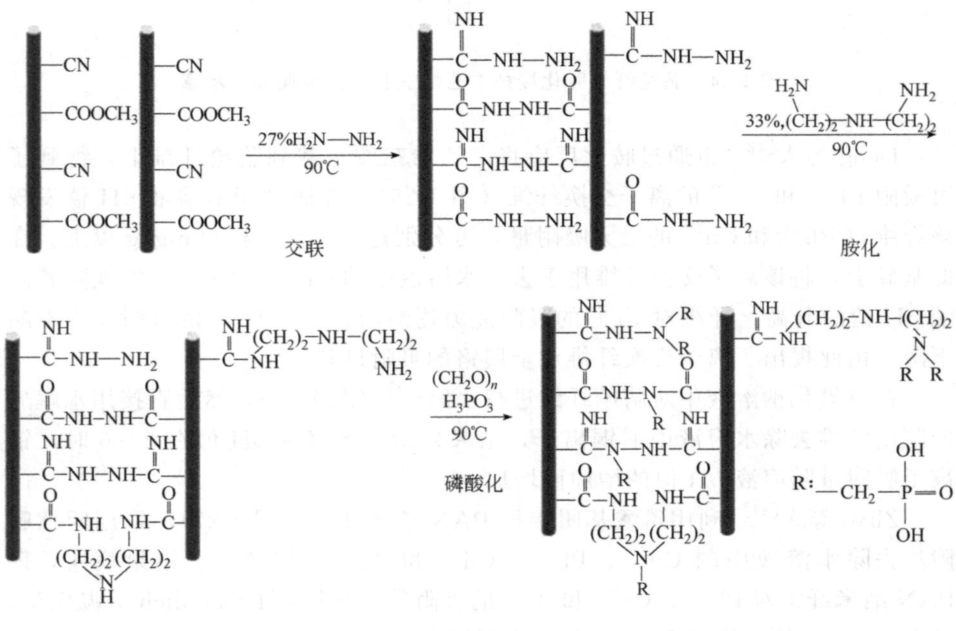

图 1-27 基于 PAN 纳米纤维的磷酸化 PAN 纤维的合成路线

Li 等人[45]通过对四乙烯五胺胺化的腈纶纤维进行烷基化、重氮化-偶合反应将乙基橙基团负载于纤维上,之后再通过 Mannich 反应将酚酞负载到纤维上,得到橙黄色的乙基橙-酚酞酸碱双变色纤维(图1-28)。探究发现,该功能化纤维不仅对多种酸碱溶液均有变色能力,而且还具有广义 pH 值测试性能,其变色区间为 0~1 与 13~14。

除了上述腈纶离子交换纤维和变色纤维,也可以通过对腈纶纤维的改性来提高纤维的阻燃性能。例如,Ren 等人[46]先将腈纶纤维经羟胺功能化,然后将磷酸基团引入到纤维的高分子链上(图1-29),获取持久耐用的阻燃性纤维。结果表明,改性后的纤维具有良好的热稳定性,在800℃时,其极限氧指数(LOI)达 34.1%,炭残留物为 55.67%。

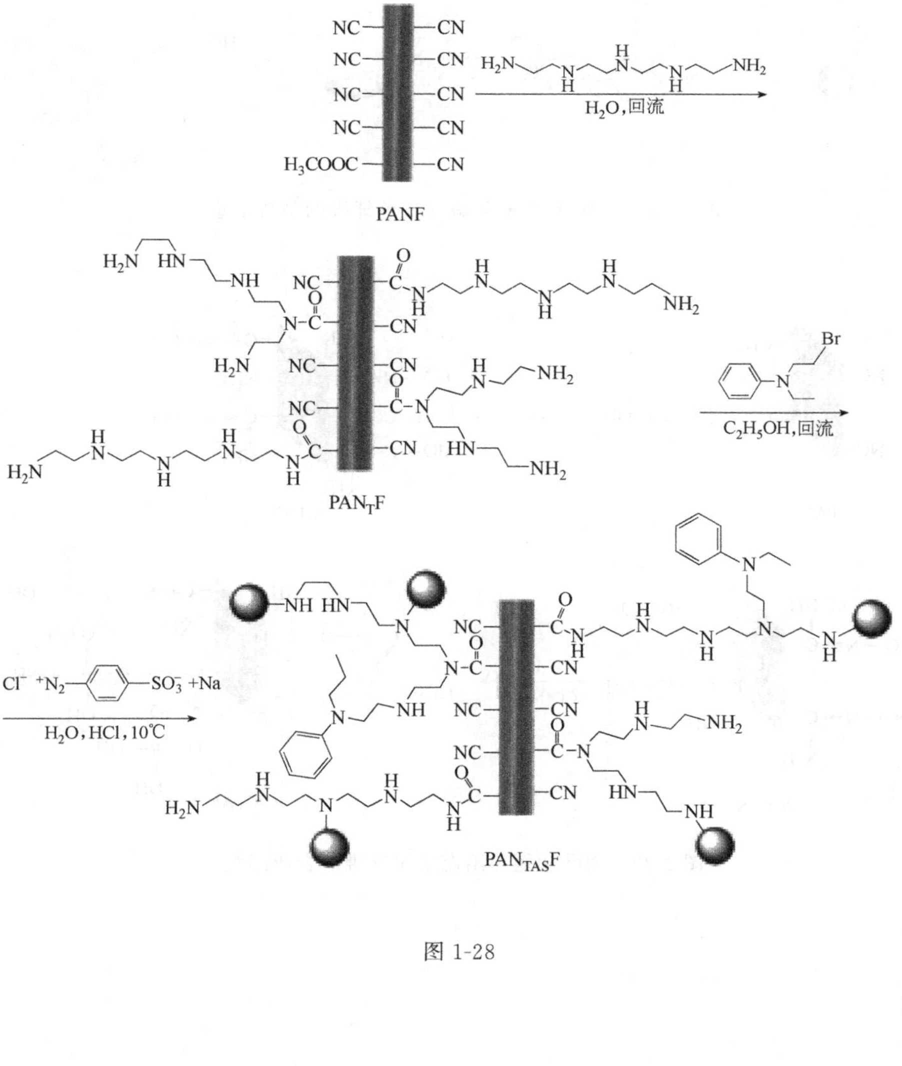

图 1-28

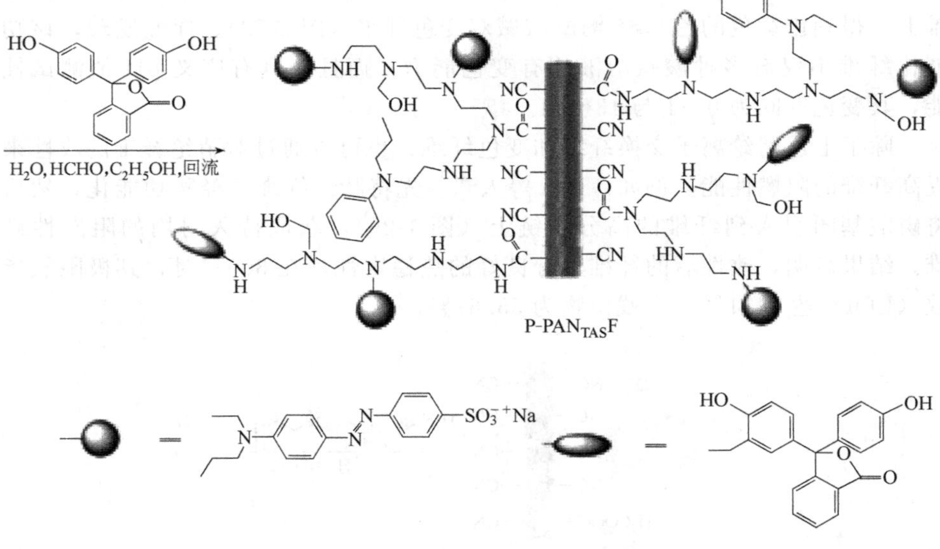

图 1-28　乙基橙-酚酞酸碱双变色纤维的制备示意

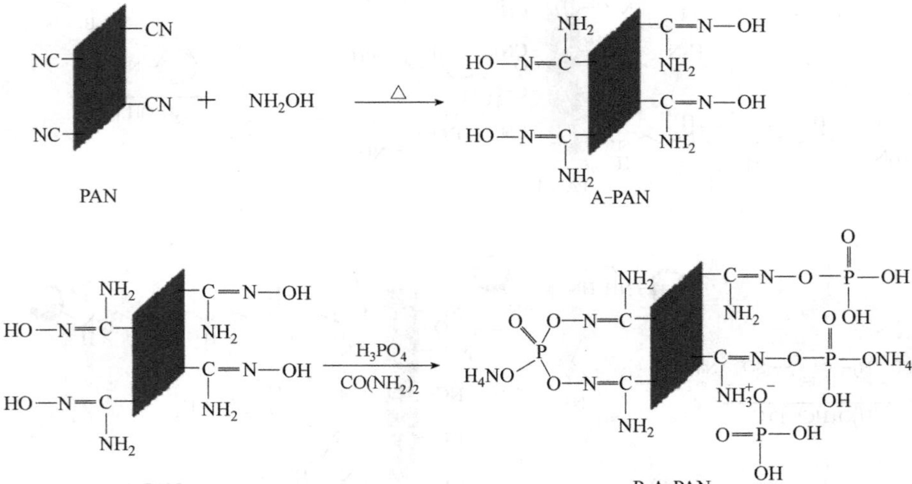

图 1-29　磷酸功能化阻燃腈纶纤维的合成路线

另外，也有一些报道是通过共混纺丝的方式，对腈纶纤维改性进而改善纤维的抗菌驱螨性能。例如，韦红莲等人[47]将具有抗菌和防螨功能的植物提取物与腈纶纤维共混制备抗菌防螨复合功能的腈纶纤维，其制备流程如图1-30所示，随后对其抗菌性能和防螨性能进行了测试，测试结果表明，共混功能纤维对金黄色葡萄球菌的抑菌率高达93.83％，驱螨率达83.21％。

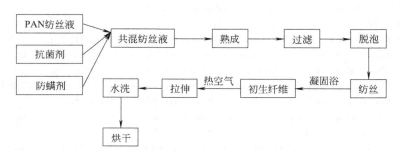

图1-30 植物提取物与腈纶纤维共混制备抗菌防螨复合功能纤维的流程

1.3.3 腈纶纤维作为催化剂载体的一般优势

如前所述，催化剂载体对材料的形状、尺寸、机械强度及稳定性等都有一些特殊的要求，另外，较大的比表面积对提高载体的性能也是十分有利的。通过前文腈纶纤维功能化修饰与改性的诸多实例，不难发现腈纶纤维不但具有优良的力学性能，而且还能够通过化学手段在不明显影响其机械强度的前提下，可以深入到纤维表层部数百纳米进行高密度、多层次的功能化修饰，进而使其具备某种些特定的性能。从这方面而言，如果将催化活性成分通过功能化负载到纤维的高分子链上，其作为负载型催化剂应用是完全可行的。总体而言，腈纶纤维具有作为催化剂载体的一般优势。

(1) 腈纶纤维比一般树脂具有更大的比表面积，且便于高密度、多层次功能化修饰，进而在纤维表层营造催化活性位与聚合物链段及空腔构成的特定催化活性中心，此外，而腈纶纤维高分子链上还含有大量双亲性基团，使得催化活性位点更容易与反应底物接触，来提高扩散和吸附速率，从而明显提高反应的效率和选择性。

(2) 腈纶纤维具有较高的力学强度，在反应过程中不易破碎，比粉末状载体更容易回收，良好的韧性和可加工性能，便于其设计成各种需要的形状应用于不同类型的反应器。

鉴于腈纶纤维诸多的优良性能，本书接下来将在腈纶纤维负载的有机碱、

Brønsted 酸、季铵盐相转移催化剂、离子液体型催化剂及金属盐等，分别从其制备、表征和应用等方面进行详细的介绍。

参考文献

[1]　J H Clark. Green chemistry: challenges and opportunities. Green Chem, 1999, 1: 1-8.
[2]　朱清时. 绿色化学. 化学进展, 2000, 12: 410-414.
[3]　T A Kletz. What you don't have, can't leak. Chemistry and Industry, 1978, 287-292.
[4]　P T Anastas, J C Warner. Green chemistry-theory and practice. Oxford Univ Press, 1998.
[5]　United States Environmental Protection Agency. The 12 principles of green chemistry. Retrieved, 2006.
[6]　I T Horváth. P T Anastas. Introduction: green chemistry. Chem Rev 2007, 107: 2167-2168.
[7]　P T Anastas. Handbook of green chemistry. Weinheim: Wiley-VCH, 2009.
[8]　B M Trost. Atom economy—a challenge for organic synthesis: homogeneous catalysis leads the way. Angew. Chem Int Ed, 1995, 34: 259-281.
[9]　I P Beletskaya, V P Ananikov. Transition-metal-catalyzed C-S, C-Se and C-Te bond formation via cross-coupling and atom-economic addition reactions. Chem Rev, 2011, 111: 596-636.
[10]　Y Gu. Multicomponent reactions in unconventional solvents: state of the art. Green Chem, 2012, 14: 2091-2128.
[11]　S Zhang, J Sun, X Zhang, et al. Ionic liquid-based green processes for energy production, Chem Soc Rev, 2014, 43: 7838-7869.
[12]　P Gallezot. Conversion of biomass to selected chemical products. Chem Soc Rev. 2012, 41: 1538-1558.
[13]　A M Ruppert, K Weinberg, R Palkovits. Hydrogenolysis goes bio: from carbohydrates and sugar alcohols to platform chemicals. Angew Chem Int Ed. 2012, 51: 2564-2601.
[14]　P Saisaha, J W de Boer, W R Browne. Mechanisms in manganese catalyzed oxidation of alkenes with H_2O_2. Chem Soc Rev, 2013, 42: 2059-2074.
[15]　Z Han, L Rong, J Wu, et al. Angew. Chem Int Ed, 2012, 51: 13041-13045.
[16]　K Sanderson. Chemistry: It's not easy being green. Nature, 2011, 469: 18-20.
[17]　R J Giraud, P A Williams, A Sehgal, E Ponnusamy, A K Phillips, J B Manley. Implementing green chemistry in chemical manufacturing: A survey report. ACS Sustainable Chem Eng, 2014, 2: 2237-2242.
[18]　M Heitbaum, F Glorius, I Escher. Asymmetric heterogeneous catalysis. Angew. Chem Int Ed, 2006, 45: 4732-4762.
[19]　W Yu, M D Porosoff, J G Chen. Review of Pt-based bimetallic catalysis: from model surfaces to supported catalysts. Chem Rev, 2012, 112: 5780-5817.
[20]　M D Porosoff, W Yu, J G Chen. Challenges and opportunities in correlating bimetallic model surfaces and supported catalysts. J Catal, 2013, 308: 2-10.
[21]　S Minakata, M Komatsu. Organic reactions on silica in water. Chem Rev, 2009, 109: 711-724.
[22]　L Di, H Zhang. Porous silica beads supported TEMPO and adsorbed NO_x (PSB-TEMPO/NO_x): an efficient heterogeneous catalytic system for the oxidation of alcohols under mild conditions. Adv Synth Catal, 2011, 353: 1253-1259.
[23]　H Noda, K Motokura, A Miyaji, et al. Heterogeneous synergistic catalysis by a palladium complex and an amine on a silica surface for acceleration of the Tsuji-Trost reaction. Angew Chem Int

Ed, 2012, 51: 8017-8020.

[24] M Gruttadauria, S Riela, C Aprile, et al. Supported ionic liquids: new recyclable materials for the L-proline-catalyzed Aldol reaction. Adv Synth Catal, 2006, 348: 82-92.

[25] P N Liu, P M Gu, F Wang, et al. Efficient heterogeneous asymmetric transfer hydrogenation of ketones using highly recyclable and accessible silica-immobilized Ru-TsDPEN catalysts. Org Lett, 2004 6: 169-172.

[26] S Ray, M Brown, A Bhaumik, A Dutta, et al. A new MCM-41 supported HPF_6 catalyst for the library synthesis of highly substituted 1,4-dihydropyridines and oxidation to pyridines: report of one-dimensional packing towards LMSOMs and studies on their photophysical properties. Green Chem, 2013, 15: 1910-1924.

[27] C S Chen, Y T Lai, T W Lai, et al. Formation of Cu nanoparticles in SBA-15 functionalized with carboxylic acid groups and their application in the water-gas shift reaction. ACS Catal, 2013, 3: 667-677.

[28] S Iimura, K Manabe, S Kobayashi. Hydrophobic polymer-supported catalyst for organic reactions in water: acid-catalyzed hydrolysis of thioesters and transprotection of thiols. Org Lett, 2003, 5: 101-103.

[29] J Shin, J Bertoia, K R Czerwinskia, et al. A new homogeneous polymer support based on syndiotactic polystyrene and its application in palladium-catalyzed Suzuki-Miyaura cross-coupling reactions. Green Chem, 2009, 11: 1576-1580.

[30] J J Boruah, S P Das, S R Ankireddy, et al. Merrifield resin supported peroxomolybdenum (VI) compounds: recoverable heterogeneous catalysts for the efficient, selective and mild oxidation of organic sulfides with H_2O_2. Green Chem, 2013, 15: 2944-2959.

[31] Y He, M-F Lv, C Cai. A simple procedure for polymer-supported N-heterocyclic carbene silver complex via click chemistry: an efficient and recyclable catalyst for the one-pot synthesis of propargylamines. Dalton Trans, 2012, 41: 12428-12433.

[32] W Zhang, Q Wang, H Wu, et al. A highly ordered mesoporous polymer supported imidazolium-based ionic liquid: an efficient catalyst for cycloaddition of CO_2 with epoxides to produce cyclic carbonates. Green Chem, 2014, 16: 4767-4774.

[33] H Guo, X Shi, Z Qiao, et al. Efficient soluble polymer-supported Sharpless alkene epoxidation catalysts. Chem Commun, 2002, 118-119.

[34] Z Zhang, B Du, Z-J Quan, et al. Dehydration of biomass to furfural catalyzed by reusable polymer bound sulfonic acid (PEG-OSO$_3$H) in ionic liquid. Catal Sci Technol, 2014, 4: 633-638.

[35] S P Satasia, P N Kalaria, D K Raval. Acidic ionic liquid immobilized on cellulose: an efficient and recyclable heterogeneous catalyst for the solvent free synthesis of hydroxylated trisubstituted pyridines. RSC Adv, 2014, 4: 64419-64428.

[36] C M Cirtiu, A F Dunlop-Brière, A Moores. Cellulose nanocrystallites as an efficient support for nanoparticles of palladium: application for catalytic hydrogenation and Heck coupling under mild conditions. Green Chem, 2011, 13: 288-291.

[37] S Shylesh, V Schtlnemalm, W R Thiel. Magnetically separable nanocatalysts: bridges between homogeneous and heterogeneous catalysis. Angew Chem Int Ed, 2010, 49: 3428-3459.

[38] P Wang, F Zhang, Y Long, et al. Stabilizing Pd on the surface of hollow magnetic mesoporous spheres: a highly active and recyclable catalyst for hydrogenation and Suzuki coupling reactions. Catal Sci Technol, 2013, 3: 1618-1624.

[39] D Saberi, A Heydari. Oxidative amidation of aromatic aldehydes with amine hydrochloride salts catalyzed by silica-coated magnetic carbon nanotubes (MagCNTs@SiO$_2$)-immobilized imine-Cu

(I). Appl Organometal Chem, 2014, 28: 101-108.

[40] X-H Liu, J-G Ma, Z Niu, et al. An efficient nanoscale heterogeneous catalyst for the capture and conversion of carbon dioxide at ambient pressure. Angew Chem Int Ed, 2015, 54: 988-991.

[41] P Kampalanonwat, P Supaphol. Preparation and adsorption behavior of aminated electrospun polyacrylonitrile nanofiber mats for heavy metal ion removal. Appl Mater Interfaces, 2010, 2: 3619-3627.

[42] S Deng, J Chen. Aminated polyacrylonitrile fibers for lead and copper removal. Langmuir, 2003, 19: 5058-5064.

[43] S Deng, R Bai, J Chen. Behaviors and mechanisms of copper adsorption on hydrolyzed polyacrylonitrile fibers. J Colloid Interf Sci, 2003, 260: 265-272.

[44] R Zhao, X Li, B Sun. Preparation of phosphorylated polyacrylonitrile-based nanofiber mat and its application for heavy metal ion removal. Chem Eng J, 2015, 268: 290-299.

[45] G Li, J Xiao, W Zhang. A novel dual colorimetric fiber based on two acid-base indicators. Dyes Pigments, 2012, 92: 1091-1099.

[46] Y Zhang, Y Ren, X Liu, et al. Preparation of durable flame retardant PAN fabrics based on amidoximation and phosphorylation, Appl. Surf Sci, 2018, 428: 395-403.

[47] 韦红莲, 于湖生, 侯晓欣. 植物中药有色抗菌粘胶纤维的制备及性能研究. 上海纺织科技, 2017, 6: 66-69.

第 2 章

腈纶纤维负载有机碱催化剂

2.1 负载有机碱催化剂介绍

发展温和、高效的合成方法来制备一些具有生物活性或者药用价值的关键分子化合物,是有机合成研究领域基本目的之一。基于此,开发环境友好、经济高效的催化体系,以促使催化效率的最大化进而来减少废物的排放,已成为当今合成化学研究领域的主题,也是发展绿色化学的关键。以此为目标,使用新颖且易于回收和循环使用的负载型催化剂,引发了研究者们极大的兴趣,其中,将活性的液态功能分子负载到固态载体材料上进而异质化,以期获得具有更高催化活性的负载催化是有机催化领域研究的一大热点。

有机合成中,经常会用到一些小分子的碱作为催化剂,如吡啶、哌啶、三乙胺、N,N-二异丙基乙胺(DIPEA)、三苯基膦、1,8-二氮杂双环[5.4.0]十一碳-7-烯(DBU)、1,5,7-三叠氮双环[4.4.0]癸-5-烯(TBD)、4-二甲氨基吡啶(DMAP)等,但是这些小分子的碱催化剂在使用过程中,一般很难回收利用,而且对反应体系的后处理操作也带来了诸多的麻烦。近些年来,利用载体材料如聚苯乙烯树脂(PS)等,将这些小分子碱进行负载化的研究引起了人们极大的关注(图2-1)。

例如,Matsukawax 小组[1] 将 TBD 负载到聚苯乙烯树脂上得到聚苯乙烯树脂负载的 TBD(PS-TBD),并将其用作负载型固体碱催化剂,在氮杂环丙烷的开环反应中检验其催化性能(图2-2)。研究显示,以 N,N-二甲基甲酰胺(DMF)为溶剂,无论是三甲基氰硅烷、三甲基硅烷叠氮化物,还是三甲基硅烷卤化物作为开环试剂,反应均取得了较高的收率,而且催化剂可以易于回收和循环使用。

Isobe 等人[2] 分别将伯、仲、叔胺基团负载到硅胶的表面上,得到了硅

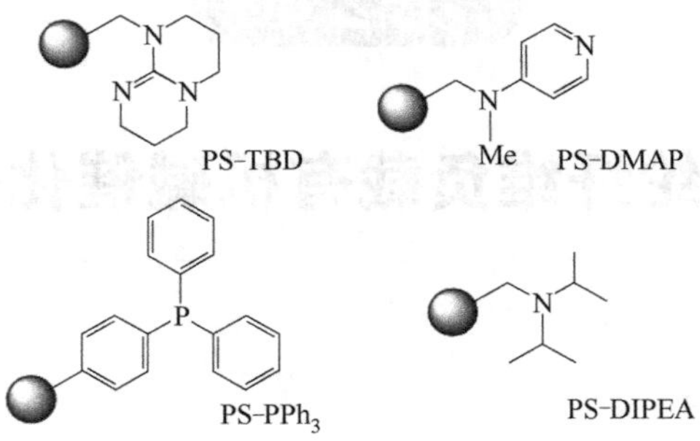

图 2-1 聚苯乙烯树脂负载的小分子碱催化剂

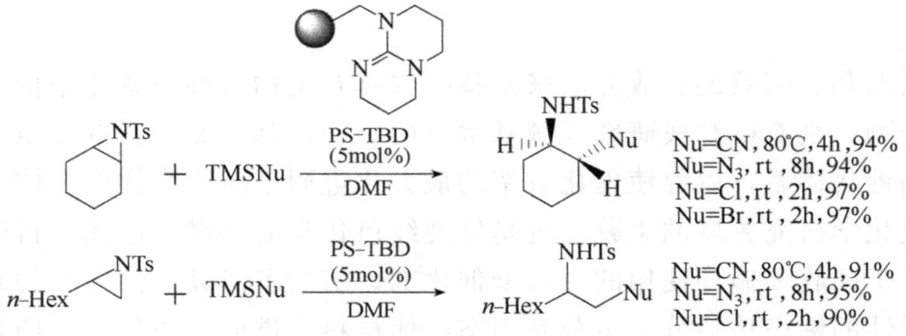

图 2-2 PS-TBD 催化氮杂环丙烷的开环反应

胶负载型有机碱催化剂，并检验了它们在 Knoevenagel 缩合反应中的催化活性。实验发现负载伯胺的有机碱（NAP-SiO$_2$）催化活性最高（图 2-3），而且在水中比在其它有机溶剂中表现出更高的催化性能。对于醛类与氰乙酸乙酯的缩合，大部分反应可获得中等以上的收率（45%～79%），仅少量活性高的底物可得到较高收率（>93%）。此外，该催化剂可在水中循环 5 次，可在环己烷中循环使用 9 次，但收率下降较为明显。

最近，Li 课题组[3] 通过硅烷化反应一步制得了胺功能化的氧化石墨烯（GO），并结合氧化石墨烯上原有的羧基，作为酸-碱双功能催化剂，用于催化缩醛脱保护，继而 Knoevenagel 缩合的串联反应（图 2-4）。研究结果表明，该胺功能化的氧化石墨烯的催化活性，高于胺功能化的活性炭、胺功能化的 SBA-15 及胺功能化的氧化铝，而且循环使用 6 次，催化活性基本保持不变。

Lai 等人[4] 将胺功能化的聚硅氧烷（AFPs）用作负载碱催化剂，用于催

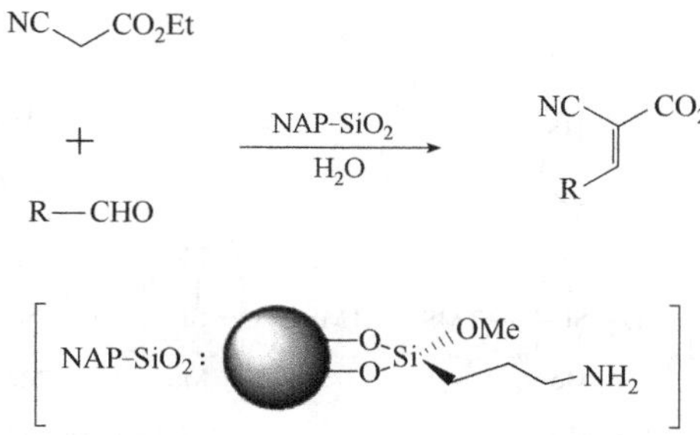

图 2-3 NAP-SiO$_2$ 催化 Knoevenagel 缩合反应

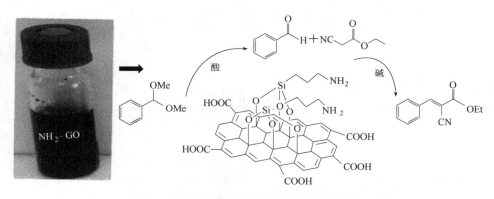

图 2-4 胺功能化氧化石墨烯催化的串联反应

化多组分的 Gewald 反应、醛的 α-位烯丙基化反应和 Knoevenagel 缩合反应（图 2-5）。结果显示，Gewald 反应在对甲苯磺酸（TsOH）参与下收率在 32%~89%；烯丙基化反应收率低于 89%，而且对底物有明显的限制，如使用异丁醛时产物收率不足 10%；Knoevenagel 缩合反应在乙酸（AcOH）参与下收率在 15%~99%，其中一些产物的收率接近定量。另外，Knoevenagel 缩合反应的循环实验显示，催化剂重复使用 6 次，虽然产物收率没有明显降低，但催化剂流失严重。

Cheng 等人[5]将伯胺或仲胺负载到介孔分子筛上，其中含有伯胺的负载催化剂可以实现脂肪醛或酮与氰乙酸乙酯的 Knoevenagel 缩合反应，且能得到中等的收率，但是反应时间也较长（图 2-6）。该催化剂还可以实现邻羟基苯乙酮与苯甲醛的缩合-关环反应。

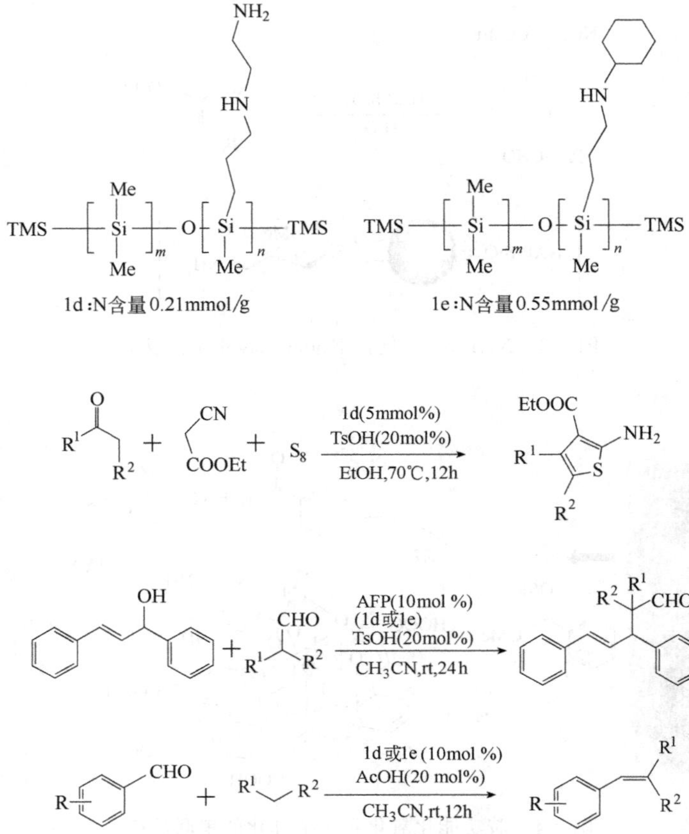

图 2-5　胺功能化的聚硅氧烷及其催化的 Gewald 反应、醛的 α-位烯丙基化反应和 Knoevenagel 缩合反应

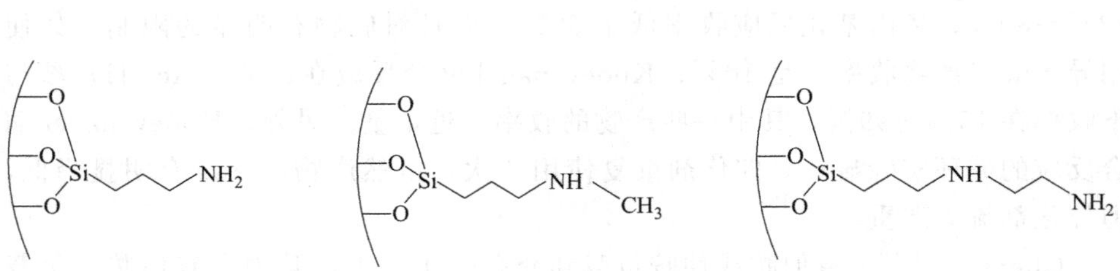

图 2-6　一锅法合成胺负载的介孔分子筛 SBA-15

另外，Fringuelli 等人[6]将 1,3,5-三叠氮双环［4.4.0］癸-5-烯（TBD）负载到聚苯乙烯上得到一种非均相固体碱催化剂。该催化剂在无溶剂（SFC）条件下催化一系列反应如环氧化合物的开环、Knoevenagel 缩合、Michael 加成等反应，都取得了较好的效果。如图 2-7 所示，该负载催化剂催化 Knoevenagel 反应收率可达 93％，Michael 加成反应收率可达 94％，优于以乙腈或二氯甲烷（DCM）做溶剂。

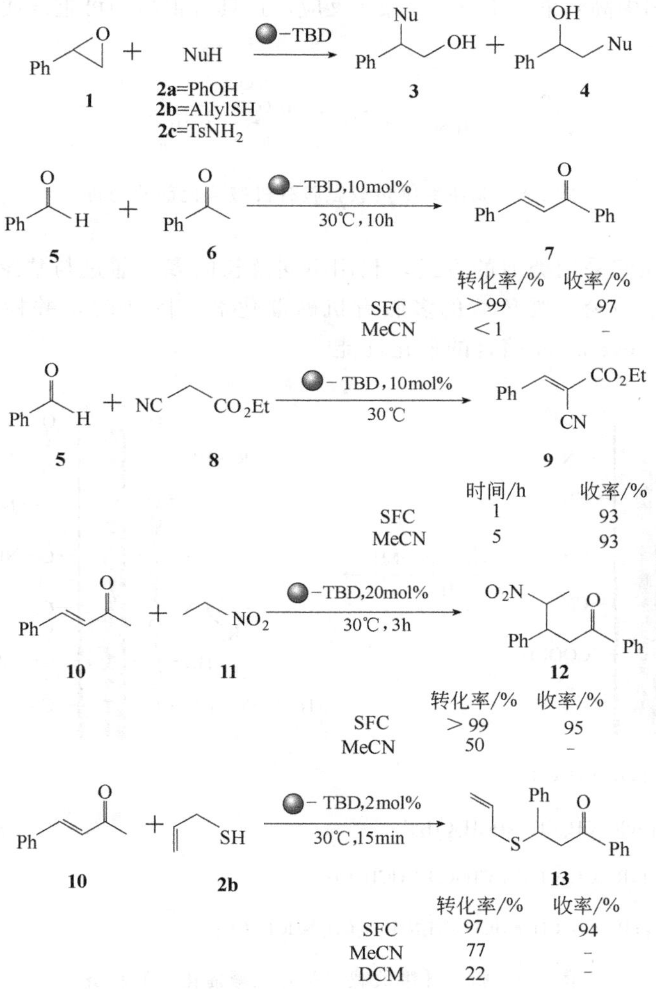

图 2-7　PS-TBD 催化的环氧化合物开环，Knoevenagel 缩合和 Michael 加成反应

如前所述，腈纶纤维高分子链上的氰基、甲氧羰基可在水中，与伯胺、仲胺发生酰胺化反应，进而达到接枝负载的目的，因此，腈纶纤维负载的有机碱催化剂相对比较容易制备。

例如，Li 等人[7] 利用腈纶纤维可在有机胺的水溶液中发生氨解反应，进而使用双官能度的有机胺，其中一个氨基用于与纤维接枝，而另一个氨基可作为催化活性中心用于碱催化的反应。他们选择的 N,N-二甲基-1,3-丙二胺与腈纶纤维进行氨化反应，所得到的腈纶纤维负载叔胺有机碱催化剂（图 2-8），可在多种有机溶剂中高效催化 Knoevenagel 反应，且具有很高的可重复使用性能。

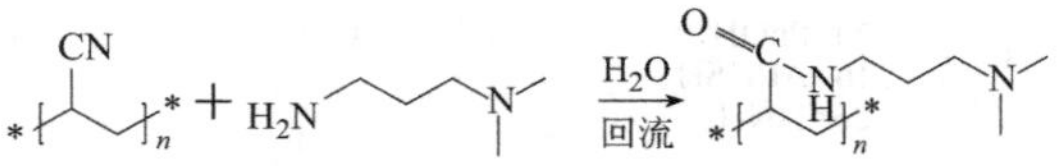

图 2-8　腈纶纤维负载叔胺有机碱催化剂的制备

随后，他们采用类似的方式，利用不同链长的多胺通过与腈纶纤维的氨化接枝，制备了腈纶纤维负载的多胺有机碱催化剂（图 2-9），并检验了其在水相中催化 Knoevenagel 缩合的催化性能[8]。

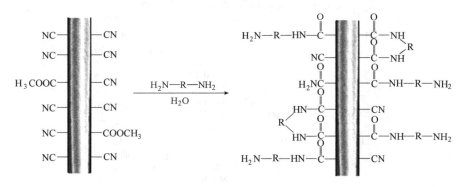

PAN_{ED} F: R = CH_2CH_2

PAN_{DT} F: R = $CH_2CH_2NHCH_2CH_2$

PAN_{TT} F: R = $CH_2CH_2NHCH_2CH_2NHCH_2CH_2$

PAN_{TP} F: R = $CH_2CH_2NHCH_2CH_2NHCH_2CH_2NHCH_2CH_2$

图 2-9　腈纶纤维负载多胺有机碱催化剂的制备

此外，Li 等人[9] 也利用类似的方式，将 4-二甲氨基吡啶（DMAP）衍生物接枝到腈纶纤维的高分子链上，得到了腈纶纤维负载的 DMAP 有机碱催化剂（图 2-10），并将其用于水相中的 Gewald 反应来催化合成 2-胺基噻吩类化合物。结果显示，在较少的催化剂用量下（1mol%），模型反应 5min 即可完成，产物收率达 92%，循环四次后，收率降至 77%。

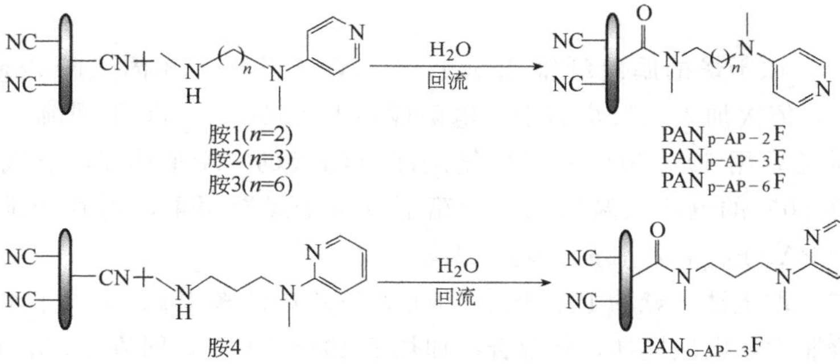

图 2-10　腈纶纤维负载 DMAP 有机碱催化剂的制备

从 Li 等人报道的结果可知，腈纶纤维负载有机碱催化剂制备过程相对比较简单，而且均能获得比较好的催化性能。其中，腈纶纤维负载叔胺有机碱可在有机溶剂中高效催化 Knoevenagel 缩合反应，而腈纶纤维负载多胺可在水相中催化 Knoevenagel 缩合反应，鉴于此，接下来本书详细介绍一种双胺胺化的腈纶纤维负载叔胺-多胺的有机碱催化剂，并在各种不同类型的溶剂中检验其催化 Knoevenagel 缩合的适用性。

2.2　腈纶纤维负载有机碱催化剂的制备与表征

实验所用纤维为商用聚丙烯腈纤维（中国抚顺石化公司，长度为 10cm，直径 30mm±0.5mm。纤维的成分为：93.0% 丙烯腈、6.5% 丙烯酸甲酯和 0.4%～0.5% 苯乙烯磺酸钠）。实验过程中所用化学试剂除特别说明外均为分析纯，水为去离子水。

纤维试样的元素分析数据利用 Flash-2000 自动分析仪测定；力学强度由 LLY-6 型电子单纤维强度测试仪测定（莱州电子仪器有限公司）；红外光谱用 AVATAR 360 红外光谱仪测定（Thermo Nicolet），KBr 压片；扫描电镜图片由型号为 Phenom G2 Pro 的扫描电子显微镜获取；^{13}C 固体核磁在 InfinityPlus（Varian，300MHz）核磁共振仪上测定；^{1}H 核磁共振波谱在 Bruker AVANCE III（400MHz）核磁共振仪上测定，TMS 作为内标；^{13}C 核磁共振波谱在 Bruker AVANCE III（101MHz）核磁共振仪上测定，采用全质子去偶；产物熔点通过 Yanagimoto MP-500 熔点仪测得，使用前未进一步校正（除特殊说明外，其它章节同）。

2.2.1 制备方法

步骤一 取干燥的腈纶纤维 2.00g，N,N-二甲基-1,3-丙二胺 28g，去离子水 12mL，依次加入三口烧瓶中，电磁搅拌下，104～105℃下回流 4.5h。取出纤维，抽滤，用 60～70℃ 的水反复洗涤至滤液的 pH 值为 7，空气中晾干后，放置在 60℃ 的电热恒温鼓风干燥箱下真空干燥至恒重，得到纤维负载叔胺有机碱（$PANF_{TA}$，2.43g，增重 21.5%）。

步骤二 取上述干燥的 $PANF_{TA}$ 2.00g，三乙烯四胺 15g，去离子水 15mL，加入三口烧瓶中，电磁搅拌，将混合物加热至 104～105℃，回流 2.5h。反应毕，处理方法如步骤一。最终得到腈纶纤维负载叔胺-多胺的有机碱催化剂（PAN-

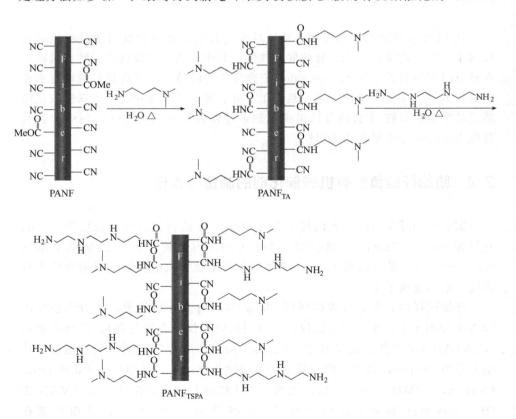

图 2-11 腈纶纤维负载叔胺-多胺的有机碱催化剂的制备

F_{TSPA}，2.2907g，增重为 14.5%，酸交换容量为 3.75mmol/g)。

如图 2-11 所示，通过上述两步骤来制备腈纶纤维负载叔胺-多胺的有机碱催化剂。功能化程度以重量增加来衡量：增重 $=[(W_2-W_1)/W_1]\times 100\%$（$W_1$ 和 W_2 分别为纤维功能化前后的重量），其中胺的种类和反应时间对胺化过程的增重有显著影响。由于功能化纤维的机械强度随着胺化增重的增加而降低，为保证纤维仍具有足够的机械强度，通过前后两步纤维氨化条件的控制和优化，选择了第一步增重为 21.5% 的纤维负载叔胺有机碱 $PANF_{TA}$，进一步与三乙烯四胺水溶液胺化，筛选了第二步增重为 14.5% 的胺化纤维用作腈纶纤维负载叔胺-多胺的有机碱催化剂 $PANF_{TSPA}$。

随后，通过酸碱滴定的方法确定了纤维上有机碱的含量。酸碱滴定的具体步骤为：取干燥的 $PANF_{TSPA}$ 0.100g，浸泡于 20mL 0.100mol/L 的 HCl 溶液中，室温搅拌 6h。反应结束后纤维用去离子水冲洗。用 0.100mol/L 的 NaOH 溶液滴定残余溶液的 HCl 浓度。酚酞为指示剂，平行滴定三次，根据消耗的酸用量计算交换容量，最终确定腈纶纤维负载有机碱的酸交换容量为 3.75mmol/g。

2.2.2 表征手段与分析

为了考察纤维负载催化剂在制备过程中的变化及催化应用前后的稳定性，对不同阶段的纤维试样均进行了详细的表征。原纤维 PANF、负载叔胺有机碱 $PANF_{TA}$、纤维负载叔胺-多胺 $PANF_{TSPA}$，纤维催化剂在 Knoevenagel 缩合反应中（苯甲醛和氰基乙酸酯为底物，条件见表 2-3)，循环一次后回收的催化剂 $PANF_{TSPA}$-1 及循环 10 次后回收的催化剂 $PANF_{TSPA}$-10，均通过表观形貌、力学性能、元素分析、傅里叶变换红外光谱（FTIR）和扫描电镜（SEM）及固体核磁（^{13}C NMR）进行了观察和表征。

图 2-12 为不同阶段纤维试样的实物照片。从其表观形貌可以看出，经过第一步的胺化接枝反应，$PANF_{TA}$ 与原 PANF 相比，其颜色由洁白变为亮黄（图 2-12，a、b），纤维收缩成团，这是由于胺化负载后在纤维上形成酰胺键等原因造成的；随后经过第二步与三乙烯四胺胺化，$PANF_{TSPA}$ 的颜色略有加深，其它变化不明显（图 2-12，c）。循环使用后的催化剂 $PANF_{TSPA}$-1、$PANF_{TSPA}$-10 与新制备的催化剂相比，其色泽进一步加深（图 2-12，d、e）。总体而言，各阶段的纤维试样除了色泽略有变化外，其纤维形状和整体结构并没有太明显的变化。

各阶段纤维试样的元素分析数据见表 2-1。与原 PANF 相比，第一步胺化后 $PANF_{TA}$ 的碳和氮含量降低，氢含量升高（表 2-1，序列 1、2），这是由于

图 2-12　纤维试样的表观形貌

a—PANF；b—$PANF_{TA}$；c—$PANF_{TSPA}$；d—$PANF_{TSPA}$-1；e—$PANF_{TSPA}$-10

纤维负载上的叔胺部分的碳含量比 PANF 低，而氢含量比 PANF 高。$PANF_{TA}$ 中的氮含量下降主要是因为纤维在胺化的过程中氰基的胺解形成酰胺并释放一分子的氨气，而氰基的水解反应也是客观存在的。与此类似，在与多胺进行第二次胺化后，$PANF_{TSPA}$ 的碳和氮含量进一步降低，氢含量升高（表 2-1，序列 3）。接下来，随着纤维负载有机碱催化剂在 Knoevenagel 缩合反应中的应用，$PANF_{TSPA}$-1 和 $PANF_{TSPA}$-10（表 2-1，序列 4、5）的碳、氢和氮含量，与初始的 $PANF_{TSPA}$ 相比均略有下降，这可能是由于少量的 Knoevenagel 缩合产物或中间体吸附到了纤维催化剂上所导致的。

表 2-1　PANF、$PANF_{TA}$、$PANF_{TSPA}$、$PANF_{TSPA}$-1 和 $PANF_{TSPA}$-10 的元素分析数据

序列	纤维试样	W_C/%	W_H/%	W_N/%
1	PANF	67.62	5.61	24.34
2	$PANF_{TA}$	60.49	6.65	21.27
3	$PANF_{TSPA}$	54.38	6.92	19.58
4	$PANF_{TSPA}$-1	52.03	6.49	17.61
5	$PANF_{TSPA}$-10	49.07	6.46	17.12

从各纤维试样中随机挑出 25 根单纤维，利用电子单纤维强力仪测定其断裂强度，平均断裂强度值见表 4-2。原 PANF 的断裂强度为 9.76cN（表 2-2，序列 1），第一次胺化后，$PANF_{TA}$ 的断裂强度降至 8.26cN（表 2-2，序列 2），即保留了原纤维力学强度的 85%；而与多胺进行第二次胺化后，$PANF_{TSPA}$ 的强度降至 7.35cN，即仍保留原 PANF 断裂强度的 75%（表 4-2，序列 3）。此外，与 $PANF_{TSPA}$ 相比，$PANF_{TSPA}$-1 的断裂强度几乎没有变化（表 4-2，序列 4），而且 $PANF_{TSPA}$-10（表 4-2，序列 5）与 $PANF_{TSPA}$-1 的力学强度相比，经过 10 次循环后，纤维的断裂强度仅下降了 0.16cN（即保留原 PANF 断裂强度的 74%），这表明腈纶纤维作为载体材料具有较高的机械强度，纤维催化剂在 Knoevenagel 缩合反应中重复使用多次后，仍具有足够高的力学性能。

表 2-2　PANF、$PANF_{TA}$、$PANF_{TSPA}$、$PANF_{TSPA}$-1 和 $PANF_{TSPA}$-10 的力学性能

序列	纤维试样	断裂强度/cN	保留率[①]/%
1	PANF	9.77	100
2	$PANF_{TA}$	8.26	85
3	$PANF_{TSPA}$	7.35	75
4	$PANF_{TSPA}$-1	7.34	75
5	$PANF_{TSPA}$-10	7.18	74

① 保留率基于原纤维 PANF 的断裂强度。

选取各阶段的纤维试样，剪碎后溴化钾压片，进行红外光谱的测试，红外光谱见图 2-13。腈纶原纤维 PANF 的红外谱图上（图 2-13，a），$2242cm^{-1}$ 处的吸收峰是 C≡N 的伸缩振动吸收峰。由于腈纶纤维中使用第二单体丙烯酸甲酯，因此 $1731cm^{-1}$ 处出现的吸收峰为酰氧基中 C=O 的伸缩振动吸收峰。负载叔胺后的纤维 $PANF_{TA}$ 在 $3700\sim3150cm^{-1}$ 处出现宽的吸收峰，这对应 N,N-二甲基-1,3-丙二胺的伯胺基团与氰基反应生成的酰胺键上的 N—H 伸缩振动吸收峰；氰基因反应消耗而减少，因此 $2242cm^{-1}$ 处的吸收峰强度明显降低。$1731cm^{-1}$ 处 C=O 的吸收峰强度降低更为明显，说明在胺化过程中酯基比氰基更容易发生氨解。在 $1650\sim1560cm^{-1}$ 处出现新的宽的强吸收峰，它们对应酰胺中的羰基 C=O 的伸缩振动、C—N 伸缩振动和 N—H 弯曲振动的叠合，说明有大量酰胺的生成（图 2-13，b）。$PANF_{TSPA}$ 的特征吸收峰与 $PANF_{TA}$ 相比没有特别明显变化，但是，$2242cm^{-1}$ 处代表 C≡N 的振动峰略有减弱，$3300cm^{-1}$ 左右的吸收峰有所扩展（图 2-13，c）。当纤维催化剂使用 1

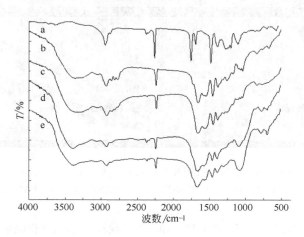

图 2-13　红外光谱图
a—PANF；b—$PANF_{TA}$；c—$PANF_{TSPA}$；d—$PANF_{TSPA}$-1；e—$PANF_{TSPA}$-10

次和 10 次后，PANF$_{TSPA}$-1 和 PANF$_{TSPA}$-10（图 2-13，d、e）在 1105cm^{-1} 处峰数有所增加，这表明在纤维催化剂的循环使用过程中，一些 Knoevenagel 产物或中间体被吸附在纤维催化剂中。上述这些结果与元素分析结果吻合较好，进一步表明纤维催化剂经多次重复使用后仍具有催化活性。

扫描电镜图片见图 2-14。原纤维 PANF 的横截面为豆瓣形，呈现光滑、均匀的表面（图 2-14，a），经胺化后，PANF$_{TA}$ 的表面变得粗糙，有些许疤痕点缀（图 2-14，b）。进一步胺化后，PANF$_{TSPA}$ 的表面变得更加粗糙，并出现了更多的疤痕和斑点（图 2-14，c）。而且随着纤维催化剂的循环使用，纤维样品的表面变得越来越粗糙，疤痕也不断增加（图 2-14，d、e），这进一步证明了有些许 Knoevenagel 产物吸附到了纤维表面。尽管如此，纤维表层除了变得粗糙些外，并没有其它的明显的缺陷，纤维仍保持较好的完整性。

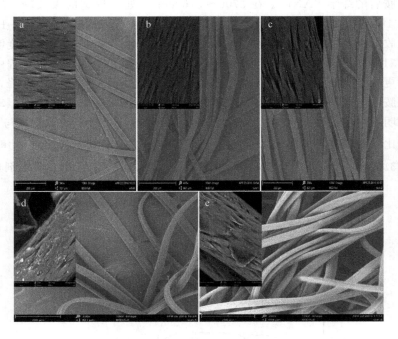

图 2-14　扫描电镜图片（标尺分别为 1μm 和 200μm）
a—PANF；b—PANF$_{TA}$；c—PANF$_{TSPA}$；d—PANF$_{TSPA}$-1；e—PANF$_{TSPA}$-10

此外，从原纤维 PANF（图 2-15）和纤维负载叔胺-多胺有机碱催化剂 PANF$_{TSPA}$（图 2-16）的固体 ^{13}C 核磁波谱图上可以看出，在 175 处出现的新吸收峰对应酰胺羰基碳共振吸收，说明纤维上形成了酰胺键；另外，46 处的吸收峰处对应纤维负载有机碱 N,N-二甲基-1,3-丙二胺和三乙烯四胺上的碳共振吸收。

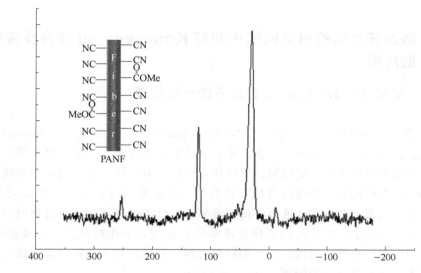

图 2-15　原纤维 PANF 固体 ^{13}C 核磁波谱图

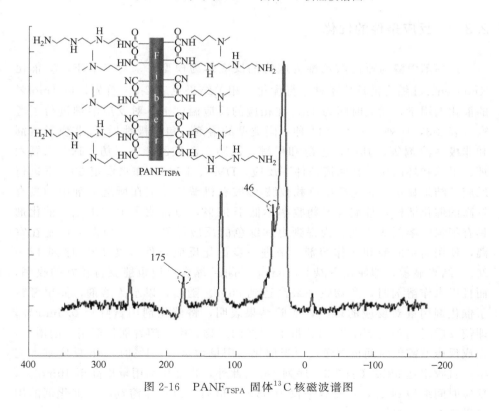

图 2-16　PANF$_{TSPA}$ 固体 ^{13}C 核磁波谱图

2.3 腈纶纤维负载有机碱催化剂在 Knoevenagel 缩合反应中的应用

2.3.1 催化 Knoevenagel 缩合反应的一般步骤

取醛（5.0mmol），氰乙酸乙酯（5.5mmol）或丙二腈（5.0mmol），PANF$_{TSPA}$（0.067g，5mol%，基于酸交换容量）和溶剂（5mL）加入圆底烧瓶中，室温下搅拌反应一定时间。反应毕，用镊子取出纤维催化剂，用对应溶剂 10mL 冲洗催化剂，洗涤液与反应液合并（水做溶剂时，用 3×10mL 乙酸乙酯冲洗催化剂，并收集滤液用于反应液萃取；DMSO 和 DMF 做溶剂时，反应毕加入 10mL 水，然后乙酸乙酯洗涤萃取）浓缩，采用柱色谱（石油醚-乙酸乙酯）对粗产物进行纯化。对于再循环过程，纤维催化剂洗涤后直接进行下一个循环，不需要进一步处理。

2.3.2 反应条件的优化

选择苯甲醛与氰乙酸乙酯为底物的反应作为模型，来对 PANF$_{TSPA}$ 催化 Knoevenagel 缩合的反应条件进行优化，相关结果见表 2-3。首先，以 1mol% 的催化剂用量，反应时间为 1h，在相应的反应温度下，对反应溶剂进行了考察（表 2-3，序列 1~11）。11 种不同类型的溶剂，包括极性质子/非质子溶剂和非极性溶剂等，其中，乙醇和甲醇、乙腈、乙酸乙酯、氯仿、1,4-二氧六环、甲苯和环己烷在其回流条件下反应，DMF、DMSO 和水设定 60℃下进行反应。结果显示，腈纶纤维负载叔胺-多胺有机碱催化剂在所选溶剂中均具有较高的催化活性，且缩合产物收率不低于 95%，也说明了 PANF$_{TSPA}$ 催化剂具有很强的溶剂适用性。为得到更加绿色的反应体系，将反应温度设定在室温，使用简单的醇和水作溶剂，来进一步优化反应条件（表 2-3，序列 12~20）。结果显示，即使在室温下，Knoevenagel 缩合反应也能获得较好的收率，而且以水作溶剂时，产物收率最高达到 96%。随后，以水为溶剂，简单考察了催化剂用量对反应的影响，实验结果表明，将催化剂用量降至 0.5mol%，即使反应时间到达 8h，也只获得了 81% 的产物收率；随着催化剂用量的增加，完成反应所需的时间也缩短，而当催化剂用量增至 5mol% 时，4h 反应基本完毕，且收率达 98%（表 2-3，序列 18）。此外，将催化剂用量提高至 10mol%，反应时间缩短到 2h，产物收率仅为 83%，最后，以水作溶剂时，催化剂的用量设定在 5mol%。

表 2-3 PANF$_{TSPA}$ 在 Knoevenagel 缩合反应中的条件①优化

序列	催化剂用量②/mol%	溶剂	温度/℃	时间/h	收率③/%
1	1	乙醇	78	1	99
2	1	甲醇	65	1	99
3	1	乙腈	82	1	98
4	1	乙酸乙酯	77	1	96
5	1	氯仿	61	1	95
6	1	1,4-二氧六环	102	1	96
7	1	甲苯	110	1	97
8	1	环己烷	81	1	96
9	1	N,N-二甲基甲酰胺	60	1	98
10	1	二甲基亚砜	60	1	99
11	1	水	60	1	98
12	1	乙醇	室温	12	90
13	1	甲醇	室温	12	94
14	1	水	室温	8	96
15	0.5	水	室温	8	81
16	2	水	室温	8	98
17	3	水	室温	6	97
18	5	水	室温	4	98
19	5	水	室温	2	79
20	10	水	室温	2	83

①反应条件：苯甲醛（5.0mmol），氰乙酸乙酯（5.5mmol）和对应的溶剂（5mL）。②基于酸交换容量。③柱色谱分离收率。

2.3.3 反应底物的扩展

考察 PANF$_{TSPA}$ 催化剂底物的适用性。室温下，以水为溶剂，PANF$_{TSPA}$ 用量为 5mol%，不同类型的取代醛与氰乙酸乙酯或丙二腈反应催化合成了一系列 α,β-不饱和化合物（表 2-4）。结果还表明，该催化体系具有良好的官能团耐受性，芳香醛（含芳杂环取代的醛）与不同活性的亚甲基化合物反应均能顺利完成，且收率范围为 96%~99%，而且，醛与丙二腈的缩合反应室温下 2h 内即能完成。此外，芳醛苯环上取代基的电子性质对产物收率影响不大，无论是苯环是供电子取代基还是吸电子取代基，反应均能顺利进行；而且，芳香醛上取代基的位置对 Knoevenagel 缩合产物的收率也没有显著的影响，显示了腈纶纤维负载叔胺-多胺有机碱催化剂良好的底物适用性。

表 2-4　PANF$_{TSPA}$ 催化 Knoevenagel 缩合反应合成系列 α，β-不饱和化合物[①]

$$\underset{1}{\text{Ar—CHO}} + \underset{2}{\text{NC—CH}_2\text{—EWG}} \xrightarrow[\text{H}_2\text{O, rt}]{\text{PANF}_{TSPA}} \underset{3a\sim l}{\text{Ar—CH=C(CN)(EWG)}}$$

EWG=CO$_2$Et, CN

3a, 98%	3b, 99%	3c, 98%	3d, 99%
3e, 96%	3f, 99%	3g, 97%	3h, 99%
3i, 99%	3j, 99%	3k, 99%	3l, 97%

①反应条件：芳香醛（5mmol）、氰乙酸乙酯（5.5mmol）或丙二腈（5.0mmol）、PANF$_{TSPA}$（5mol%）和水（5mL），室温下反应 4h（以丙二腈为底物，反应时间为 2h），分离收率。

2.3.4　催化循环与体系放大

负载型催化剂的优势在于其简单的分离步骤及突出的循环使用性能。腈纶纤维负载叔胺-多胺有机碱催化剂在 Knoevenagel 缩合反应中的循环使用性能也被加以考察。在每个循环完成后，PANF$_{TSPA}$ 催化剂可用小镊子直接从反应液中取出，用水冲洗干净后，无需额外处理，可直接用于下一个循环反应之中。循环实验结果表明，每个循环反应均能顺利进行，产物收率也无明显降低（图 2-17，从 98%～95%），PANF$_{TSPA}$ 催化剂循环 10 次后其活性也基本没有变化（没有进行更多次的循环测试）。此外，腈纶纤维负载有机碱催化剂的稳定也进一步被测试，催化剂放置在实验架子上，无需其它特殊保护措施，放置三个月后，纤维催化剂的催化效果与新制备时基本保持一致。

为了验证腈纶纤维负载有机碱催化剂在规模应用上的可行性，PANF$_{TSPA}$ 催化 Knoevenagel 缩合的模型反应被放大到克级，并在简易转框式反应器（图

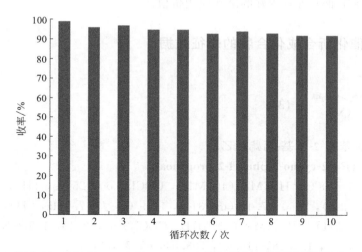

图 2-17　PANF$_{TSPA}$ 在 Knoevenagel 缩合反应中的循环使用性能

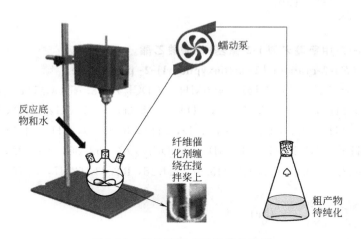

图 2-18　简易转框式反应器的示意

2-18）中进一步考察了其应用性能。将腈纶纤维负载有机碱催化剂缠绕在简易转框式反应器的搅拌桨上，当反应完成后，将反应液抽出来，用乙酸乙酯和乙醇清洗反应容器，然后进行下一组试验。实验结果表明，当反应底物用量扩大到 25mmol 和 50mmol 时，各循环两次反应，产物的收率并没有明显的变化，基本维持在 97%。不过，这里并没有进一步考虑纤维催化剂在搅拌器上几何尺寸的影响。结合以上实验结果及腈纶纤维本身的突出优点，表明腈纶纤维负载有机碱在工业上有着较好的潜在应用价值。

2.3.5 催化所合成化合物的表征数据

(3a)

(*E*)-3-苯基-2-氰基-丙烯酸乙酯
Ethyl (*E*)-2-cyano-3-phenyl-2-propenoate
　　m.p. 47～48℃；^{1}H NMR (400MHz, CDCl$_3$) δ 8.25 (s, 1H), 7.99 (d, J=7.3Hz, 2H), 7.60～7.45 (m, 3H), 4.39 (q, J=7.1Hz, 2H), 1.40 (t, J=7.1Hz, 3H); ^{13}C NMR (101MHz, CDCl$_3$) δ 162.46, 155.02, 133.30, 131.48, 131.07, 129.28, 115.48, 103.04, 62.73, 14.16。

(3b)

(*E*)-3-(2-甲氧基苯基)-2-氰基-丙烯酸乙酯
Ethyl (*E*)-2-cyano-3-(2-methoxyphenyl)-2- propenoate
　　m.p. 70～72℃；^{1}H NMR (400MHz, CDCl$_3$) δ 8.75 (s, 1H), 8.28 (d, J=7.8Hz, 1H), 7.55～7.48 (m, 1H), 7.05 (t, J=7.6Hz, 1H), 6.96 (d, J=8.4Hz, 1H), 4.38 (q, J=7.1Hz, 2H), 3.90 (s, 3H), 1.39 (t, J=7.1Hz, 3H); ^{13}C NMR (101MHz, CDCl$_3$) δ 162.80, 159.22, 149.73, 135.00, 129.31, 120.93, 120.68, 115.91, 111.18, 102.33, 62.47, 55.76, 14.18。

(3c)

(*E*)-3-(3-羟基苯基)-2-氰基-丙烯酸乙酯
Ethyl (*E*)-2-cyano-3-(3-hydroxyphenyl)-2- propenoate
　　m.p. 83～84℃；^{1}H NMR (400MHz, DMSO-d$_6$) δ 10.02 (s, 1H), 8.29 (s, 1H), 7.51 (s, 1H), 7.46 (d, J=7.7Hz, 1H), 7.39 (t, J=7.9Hz, 1H), 7.06 (d, J=8.0Hz, 1H), 4.32 (q, J=7.1Hz, 2H), 1.32 (t, J=7.1Hz, 3H); ^{13}C NMR (101MHz, DMSO-d$_6$) δ 162.33, 158.28, 155.63, 132.93, 130.80, 122.94, 121.25, 116.82, 115.97, 102.67, 62.78, 14.41。

(3d) [structure: MeO-C6H4-CH=C(CN)-CO2Et]

(*E*)-3-(4-甲氧基苯基)-2-氰基-丙烯酸乙酯
Ethyl (*E*)-2-cyano-3-(4-methoxyphenyl)-2-propenoate

m. p. 76～77℃；^{1}H NMR (400MHz, CDCl$_3$) δ 8.16 (s, 1H), 8.00 (d, *J*=8.8Hz, 2H), 6.99 (d, *J*=8.8Hz, 2H), 4.36 (q, *J*=7.1Hz, 2H), 3.89 (s, 3H), 1.39 (t, *J*=7.1Hz, 3H); ^{13}C NMR (101MHz, CDCl$_3$) δ 163.78, 163.09, 154.35, 133.63, 124.35, 116.21, 114.76, 99.34, 62.41, 55.62, 14.19。

(3e) [structure: F-C6H4-CH=C(CN)-CO2Et]

(*E*)-3-(4-氟苯基)-2-氰基-丙烯酸乙酯
Ethyl (*E*)-3-(4-fluorophenyl)-2-cyano-2-propenoate

m. p. 91～92℃；^{1}H NMR (400MHz, CDCl$_3$) δ 8.21 (s, 1H), 8.04 (dd, *J*=8.6, 5.4Hz, 2H), 7.20 (t, *J*=8.5Hz, 2H), 4.39 (q, *J*=7.1Hz, 2H), 1.40 (t, *J*=7.1Hz, 3H); ^{13}C NMR (101MHz, CDCl$_3$) δ 166.67, 162.37, 153.45, 133.63, 133.54, 127.88, 116.81, 116.59, 115.43, 102.60, 62.77, 14.14。

(3f) [structure: O2N-C6H4-CH=C(CN)-CO2Et]

(*E*)-3-(4-硝基苯基)-2-氰基-丙烯酸乙酯
Ethyl (*E*)-2-cyano-3-(4-nitrophenyl)-2-propenoate

m. p. 166～167℃；^{1}H NMR (400MHz, CDCl$_3$) δ 8.42～8.27 (m, 3H), 8.14 (d, *J*=8.7Hz, 2H), 4.43 (q, *J*=7.1Hz, 2H), 1.43 (t, *J*=7.1Hz, 3H); ^{13}C NMR (101MHz, CDCl$_3$) δ 161.40, 151.72, 149.72, 136.92, 131.51, 124.31, 114.53, 107.40, 63.34, 14.10。

(3g) [structure: 2-furyl-CH=C(CN)-CO2Et]

(*E*)-2-氰基-3-(2-呋喃基)-丙烯酸乙酯
Ethyl (*E*)-2-cyano-3-(2-furyl)-2-propenoate

m. p. 86～87℃；^{1}H NMR (400MHz, CDCl$_3$) δ 8.02 (s, 1H), 7.76 (s,

1H),7.40(d,$J=3.5$Hz,1H),6.67(d,$J=2.0$Hz,1H),4.36(q,$J=7.1$Hz,2H),1.38(t,$J=7.1$Hz,3H);^{13}C NMR(101MHz,CDCl$_3$)δ 162.54,148.73,148.27,139.43,121.72,115.32,113.86,98.63,62.54,14.15。

(3h)

苄烯丙二腈
2-(Phenylmethylene)malononitrile

m.p. 80~81℃;^{1}H NMR(400MHz,CDCl$_3$)δ 7.91(d,$J=7.7$Hz,2H),7.79(s,1H),7.64(t,$J=7.4$Hz,1H),7.54(t,$J=7.6$Hz,2H);^{13}C NMR(101MHz,CDCl$_3$)δ 160.06,134.68,130.96,130.77,129.66,113.77,112.62,82.79。

(3i)

(2-甲氧基苄烯)丙二腈
2-(2-Methoxyphenylmethylene)malononitrile

m.p. 79~81℃;^{1}H NMR(400MHz,CDCl$_3$)δ 8.30(s,1H),8.17(d,$J=7.9$Hz,1H),7.59(t,$J=7.9$Hz,1H),7.07(t,$J=7.7$Hz,1H),7.00(d,$J=8.5$Hz,1H),3.93(s,3H);^{13}C NMR(101MHz,CDCl$_3$)δ 158.99,154.52,136.60,128.85,121.22,120.18,114.38,113.06,111.58,81.32,56.00。

(3j)

(2-羟基苄烯)丙二腈
2-(3-Hydroxyphenylmethylene)malononitrile

m.p. 151~152℃;^{1}H NMR(400MHz,DMSO-d6)δ 10.13(s,1H),8.44(s,1H),7.39(dd,$J=13.9$,7.6Hz,3H),7.10(d,$J=7.5$Hz,1H);^{13}C NMR(101MHz,DMSO-d6)δ 162.07,158.36,132.86,131.04,122.50,122.28,116.58,114.74,113.64,81.58。

(3k) 结构: MeO-C6H4-CH=C(CN)2

(4-甲氧基苄烯)丙二腈

2-(4-Methoxyphenylmethylene)malononitrile

m.p. 110~112℃;^{1}H NMR (400MHz, CDCl$_3$) δ 7.91 (d, J=8.8Hz, 2H), 7.66 (s, 1H), 7.02 (d, J=8.9Hz, 2H), 3.92 (s, 3H); ^{13}C NMR (101MHz, CDCl$_3$) δ 164.87, 158.96, 133.49, 124.03, 115.17, 114.49, 113.41, 78.43, 55.84。

(3l) 结构: F-C6H4-CH=C(CN)2

(4-氟苄烯)丙二腈

2-(4-Fluorophenylmethylene)malononitrile

m.p. 124~125℃; ^{1}H NMR (400 CDCl$_3$) δ 7.97 (dd, J=8.7, 5.2Hz, 2H), 7.77 (s, 1H), 7.25 (dd, J=14.2, 5.8Hz, 2H); ^{13}C NMR (101MHz, CDCl$_3$) δ 164.82, 158.42, 133.51, 133.42, 127.41, 117.32, 117.10, 113.62, 112.55, 82.36。

2.4 应用评述

腈纶纤维可通过简易的胺化途径，进行有效的活性成分负载。本章所介绍的一种经过两步胺化接枝制备的纤维负载叔胺-多胺有机碱催化剂，并通过多种表征手段证实了其制备过程中的变化以及使用过程中的稳定性，进而在Knoevenagel 缩合反应中系统检验了其催化应用性能。总体而言，腈纶纤维负载有机碱催化剂，制备工艺简单，无需特殊保护即可稳定保存，催化性能较为优异，无论是反应溶剂还是对反应底物均表现出了突出的适用性能，在水溶液中、室温下高收率催化合成一系列 α,β-不饱和化合物。另外，纤维负载有机碱催化剂易于从反应中分离，循环催化多次后，催化性能基本保持，而且催化体系放大后仍能表现出较好的活性和应用性能，为精细化工和有机合成领域有机碱的催化应用提供了一种更为绿色的新途径。

参考文献

[1] S Matsukawax, K Tsukamoto, S Yasuda, et al. An efficient method for opening N-tosylaziridines with silylated nucleophiles by using polystyrene-supported 1,5,7-triazabicyclo [4.4.0] dec-5-ene as a reusable organocatalyst. Synthesis, 2013, 45: 2959-2965.

[2] K Isobe, T Hoshi, T Suzuki, et al. Knoevenagel reaction in water catalyzed by amine supported on silica gel. Mol Diversity, 2005, 9: 317-320.

[3] F Zhang, H Jiang, X Li, et al. Amine-functionalized GO as an active and reusable acid-base bifunctional catalyst for one-pot cascade reactions. ACS Catal, 2014, 4: 394-401.

[4] Z-J Zheng, L-X Liu, G Gao, et al. Amine-functional polysiloxanes (AFPs) as efficient polymeric organocatalyst for amino catalysis: efficient multicomponent Gewald reaction, α-allylic alkylation of aldehydes, and Knoevenagel condensation. RSC Adv, 2012, 2: 2895-2901.

[5] S Cheng, X Wang, S-Y Chen. Applications of amine-functionalized mesoporous silica in fine chemical synthesis. Top Catal, 2009, 52: 681-687.

[6] F Fringuelli, F Pizzo, C Vittoriani, et al. Polystyryl-supported TBD as an efficient and reusable catalyst under solvent-free conditions. Chem Commun, 2004, 2756-2757.

[7] G Li, J Xiao, W Zhang. Knoevenagel condensation catalyzed by a tertiary-amine functionalized polyacrylonitrile fiber. Green Chem, 2011, 13: 1828-1836.

[8] G Li, J Xiao, W Zhang. Efficient and reusable amine-functionalized polyacrylonitrile fiber catalysts for Knoevenagel condensation in water. Green Chem, 2012, 14: 2234-2242.

[9] P Li, J Du, Y Xie, et al. Highly efficient polyacrylonitrile fiber catalysts functionalized by aminopyridines for the synthesis of 3-substituted 2-aminothiophenes in water. ACS Sustainable Chem Eng, 2016, 4: 1139-1147.

第3章

腈纶纤维负载Brønsted酸催化剂

3.1 负载 Brønsted 酸催化剂介绍

三百年来的工业文明以人类征服自然为主要特征，世界工业化的发展使征服自然的文化达到了极致，一系列全球性的生态危机说明地球再也没有能力支持工业文明的继续发展，需要开创一个新的文明形态来延续人类的生存，这就是"生态文明"。石油、化工等行业在工业文明进程中，有着举足轻重的作用，但是也产生了大量的"工业三废"，常见的盐酸、硫酸、硝酸、磷酸、甲磺酸等强 Brønsted 酸催化剂在化学化工生产过程，也占据着重要的地位，但是这些传统的强酸在使用过程中，存在着诸多弊端，如对设备腐蚀严重、难以回收利用、产生大量的酸性废液等，进而对环境造成了严重的威胁。从生态文明的角度出发，发展绿色的化学化工生产技术具有十分重要的意义，因此开发一些可以替代传统强酸的催化剂就具有了很高的研究价值。

将上述常见的 Brønsted 酸进行负载化，无疑是一个很好的改良途径。一方面，能够有效降低对设备的腐蚀，方便分离回收，另一方面也会大大减少或根除对环境的污染。关于负载的 Brønsted 酸，研究最多的是磺酸的负载化，如硅胶负载的硫酸、SBA-15 负载的磺酸等，这些内容在前面的章节已经有过介绍，此处不再赘述。虽然，关于 Brønsted 负载化的报道很多，但大部分的研究均没有对所制备的负载酸进行全面的测试，所研究的催化反应也较为单一，因此许多已报道的负载 Brønsted 酸的适用性还有待进一步考证。那么，换一种角度讲，发展一种高效且具有普适性的负载型 Brønsted 酸催化剂也就具有很好的创新性。

强酸弱碱盐在有机合成中作为酸催化剂有着广泛的应用，例如已商业化的吡啶对甲苯磺酸盐等,虽然以盐的形式存在,但仍具有对甲苯磺酸的酸催化活性,而且更为温和。早在 1977 年,Yoshikoshi 等人[1]就报道了吡啶对甲苯磺酸盐作为酸催化剂,催化醇的四氢吡喃化保护与脱除,研究结果显示,吡啶对甲苯磺酸盐,无论是对于小分子的醇还是分子量较大的醇,在温和条件下均具有较高的催化活性,是一般的硫酸、磺酸等所不能比拟的。

Wang 小组[2]报道了甲磺酸铵盐作为 Brønsted 酸催化剂,用于醇类化合物的四氢吡喃化保护研究。他们合成了 7 种不同类型的甲磺酸铵盐化合物,如 DABCO 甲磺酸盐、甲磺酸对甲苯铵盐等,分别在苄醇的四氢吡喃化反应中来比较其催化活性。研究结果显示,除甲磺酸与取代的苯胺类化合物形成的盐外,其余酸性铵盐均具有较高的催化性能(表 3-1),通过进一步优化反应条件,对一系列的醇类化合物进行了扩展,并取得了较好的催化效果(产物收率 77%~94%)。

表 3-1 不同甲磺酸铵盐催化苄醇四氢吡喃化反应活性比较[①]

序列	催化剂	反应时间/h	收率[②]/%
1	[CH₃SO₃]⁻ HN⁺(DABCO)N⁺H[CH₃SO₃]⁻	0.2	94
2	[CH₃SO₃]⁻N⁺H₃(CH₂)₆N⁺H₃[CH₃SO₃]⁻	0.2	93
3	[CH₃SO₃]⁻N⁺H₃(CH₂)₂N⁺H[CH₃SO₃]⁻ · [CH₃SO₃]⁻N⁺H₃(CH₂)₂	6	90
4	吡啶 N⁺H[CH₃SO₃]⁻	4.5	91
5	H₃C—C₆H₄—N⁺H₃[CH₃SO₃]⁻	3	2
6	Cl—C₆H₄—N⁺H₃[CH₃SO₃]⁻	3	2
7	[C₆H₄—N⁺H₂[CH₃SO₃]⁻]₂C(CH₃)₂	3	2

①反应条件:苄醇(20mmol)、3,4-二氢-2H-吡喃(24mmol)和催化剂(0.8mmol)。②分离收率。

另外,List 等人[3]研究了三氟乙酸铵盐在 Aldol 缩合反应中的催化效果。

他们发现三氟乙酸（TFA）与不同仲胺形成的盐，在 Aldol 缩合反应中均表现出了较高的催化活性，其中以吗啉的三氟乙酸盐催化效果最为优异（图 3-1）。在此基础上，以吗啉三氟乙酸盐为催化剂，20mol%的催化剂用量，75℃下，反应 12~84h，在丙酮（既作为反应物也作为溶剂）中合成了一系列 α,β-不饱和羰基化合物，以芳香醛为底物时收率在 87%~99%，而以脂肪醛为底物收率在 30%~85%。

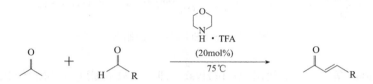

图 3-1 吗啉三氟乙酸盐催化的 Aldol 缩合反应

由以上几个例子可以发现，采用酸性铵盐作为催化剂，酸本身的催化活性得到了保持，同时，一般还表现出较温和的反应条件和较高的反应选择性，但对酸性铵盐进行负载化并研究其催化性能的报道却很少，因此很值得尝试。另外，考虑到腈纶纤维的高分子链上所包含的氰基和甲氧羰基等，在强酸性条件下易于水解，进而严重影响纤维的强度，因此不太适宜用于直接负载强酸催化剂。在第 2 章中，已对胺功能化的腈纶纤维作为负载型有机碱催化剂做了研究，发现胺功能化的腈纶纤维一般具有很高的稳定性，在此基础上，本章将多胺功能化的纤维进一步酸化，制备成腈纶纤维负载的酸性铵盐，进而来检验其催化性能和稳定性。选择不同类型的反应、不同类型的溶剂，如乙醇中的 Biginelli 反应、甲苯中的 Pechmann 缩合反应、水中吲哚类化合物 Friedel-Crafts 烷基化，以及 DMSO 和混合体系中果糖的脱水转化反应来研究其催化效果。下面简单介绍一下负载酸催化剂在这几类反应中的应用。

意大利化学家 Biginelli，在 1891 年首次报道了芳醛、乙酰乙酸乙酯和尿素三组分在浓盐酸催化下，缩合得到 3,4-二氢嘧啶-2-酮衍生物（DHPMs）的合成方法，该方法后来被称作 Biginelli 反应[4,5]。Biginelli 反应虽然反应操作简便，"一锅法"即可得到产物，但是该反应还存在反应时间长、产率低等缺点，因此，近些年来人们也在不断寻找新的催化剂及新的反应体系来改进这类化合物的合成。

负载型催化剂催化的 Biginelli 反应中，使用较多的是负载型的质子酸，如负载磺酸、磷酸等。Wang 课题组[6] 通过将 PEG-600 负载到氯甲基化的聚苯乙烯树脂上，然后再与氯磺酸作用，得到了聚苯乙烯-聚乙二醇树脂负载的磺酸催化剂（PS-PEG-SO$_3$H，图3-2），并将其用于催化Biginelli反应。通过优化反应条件，结果显示，在二氧六环与异丙醇的混合溶剂中，反应10h，模型反应的产物收率达80%，而催化剂循环使用6次，收率降至65%。

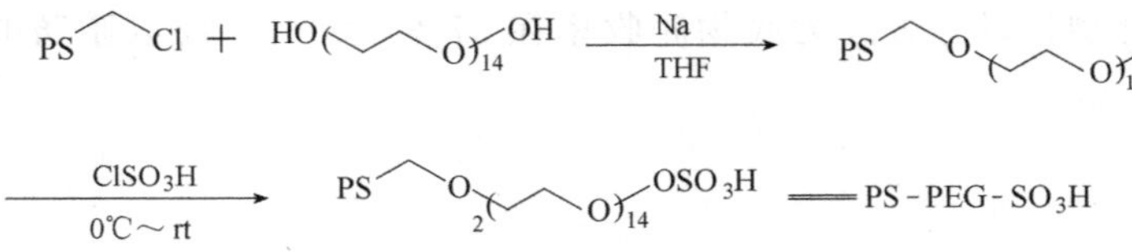

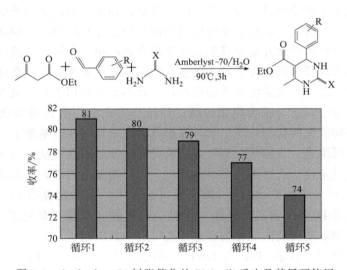

图3-2 PS-PEG-SO$_3$H的制备

Chandak等人[7]则利用Amberlyst（即：大孔树脂）-70树脂催化的Biginelli反应，产物收率在67%~81%，循环使用5次后，产物的收率下降了7个百分点（图3-3）。

图3-3 Amberlyst-70树脂催化的Biginelli反应及其循环使用

Paul小组[8]则通过硅氧键先把巯基基团负载到硅胶的表面，然后利用H_2SO_4-H_2O_2体系把巯基氧化为磺酸基团，得到了硅胶负载的磺酸催化剂（图3-4），然后检验了其在Biginelli反应中的催化活性。研究显示，该无机载体负载的磺酸型催化剂具有较高的催化活性，产物收率在62%~95%，而且循环使用8次，催化活性没有明显的降低。

Bhaumik小组[9]则通过硅氧键把端位烯烃负载到SBA-15上，然后在偶

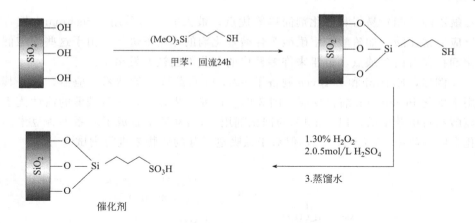

图 3-4　硅胶负载磺酸催化剂的制备

氮二异丁腈（AIBN）的引发下，与半胱氨酸盐酸盐反应，通过共价键将其链接到载体上，最后把四氧化三铁纳米颗粒负载其上（图 3-5），得到了磁性的负载催化剂［Fe_3O_4@mesoporous（即：介孔）SBA-15］，并将其用于催化 Biginelli 反应。结果显示，产物收率在 10%～85%，循环使用 7 次，催化活性也没有明显降低。

香豆素及其衍生物作为一类重要的化合物，其所具有良好的生物活性和药用价值，其在化妆品、高分子材料领域也有着广泛的应用[10]。香豆素类化合物通常采用 Perkin 反应、Wittig 反应、Knoevenagel 缩合、Pechmann 缩合、Claisen 重排等方法[11～14]来制备，Pechmann 缩合反应由于其底物（酚类和

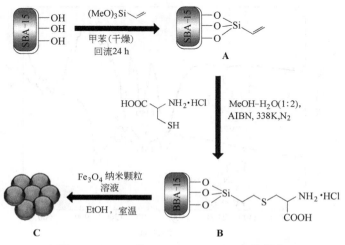

图 3-5　Fe_3O_4@mesoporous SBA-15 的制备

乙酰乙酸乙酯）易得和催化剂简单等优点，被人们广为采用。Pechmann 缩合反应通常在酸，如硫酸、甲磺酸等强酸催化剂的作用下进行，由于这些强酸催化剂存在着诸多缺点，近年来许多替代的催化剂已被开发出来。

例如，Karimi 和 Zareyee 制备了 SBA-15 负载磺酸的纳米反应器，并将其用于催化 Pechmann 缩合反应（图 3-6）。研究结果显示，该负载酸的活性优于硫酸和对甲苯磺酸，以 7mol% 的催化剂用量，130℃下合成了一系列香豆素类化合物（收率 65%～95%），但对于强吸电子基的底物未进行尝试[15]。

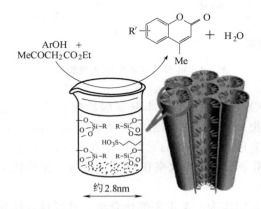

图 3-6　磺酸功能化 SBA-15 纳米反应器在 Pechmann 缩合反应中的应用

Mokhtary 小组[16] 研究了聚乙烯基吡咯烷酮负载的 BF_3（PVPP-BF_3，图 3-7）在 Pechmann 缩合反应中的催化性能。研究发现，该负载型的配合物在

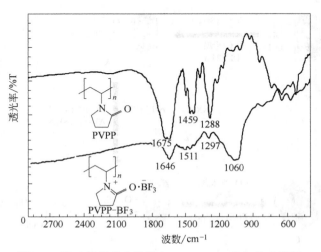

图 3-7　聚乙烯基吡咯烷酮和 PVPP-BF_3 的红外光谱图

温和条件下可高效催化该反应，产物收率在76%～96%，而且催化剂还表现出了较高的稳定性。

吲哚类化合物广泛分布于自然界，作为基础骨架之一是动植物体内许多结构和功能基的重要组成部分。近年来，大量的吲哚类化合物被人们分离或合成出来，其中很大一部分被证明具有生物活性和药用价值[17,18]。例如，双吲哚甲烷类化合物，其可以作为生物活性的代谢组分材料来研究陆地和海洋的起源[19]，而且在医药和农用化学品领域有着重要的用途[20]。因此，双吲哚类化合物的合成也引起了人们强烈的关注。在双吲哚类化合物的合成中，最常用的一种方法是通过吲哚类化合物与羰基化合物的Friedel-Crafts烷基化反应，该反应通常是在Lewis酸或者质子酸的催化条件下进行。随着该领域研究的迅速发展，一些新的催化剂或催化体系被开发出来。

例如，Sobhani小组[21]采用磁性纳米颗粒负载的磺酸（NPS-γ-Fe_2O_3），用于催化吲哚类化合物与醛、酮羰基化合物的Friedel-Crafts烷基化反应（图3-8）。研究显示，在无溶剂条件下，反应温度80℃，合成了一系列的双吲哚类化合物，收率在75%～95%，虽然该反应体系中没有用到溶剂，但后处理过程中还需加入有机溶剂来分离催化剂。

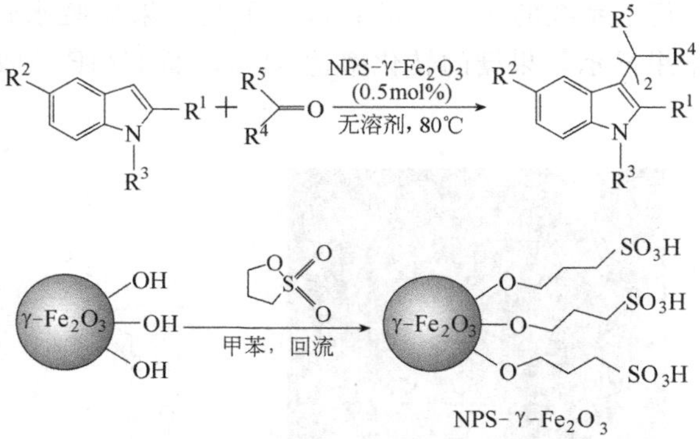

图3-8 NPS-γ-Fe_2O_3催化合成双吲哚类化合物

Tayebee等人[22]则通过硅氧键以异烟酰胺为链接将杂多酸负载于Fe_3O_4的纳米颗粒，得到了磁性的无机-有机杂化材料（Fe_3O_4/TPI-HPA），并将其用于双吲哚类化合物的合成（图3-9）。经过系统的条件优化，实验结果显示，反应温度100℃，也在无溶剂条件下，双吲哚类化合物的收率在20%～97%，另外，该负载催化剂循环使用8次，催化活性基本保持不变。尽管如此，虽然该反应体系也无溶剂，但催化剂及产物分离等后处理操作仍需加入有机溶剂。

利用生物质资源开发新途径来生产化学平台化合物，是绿色化学领域的研

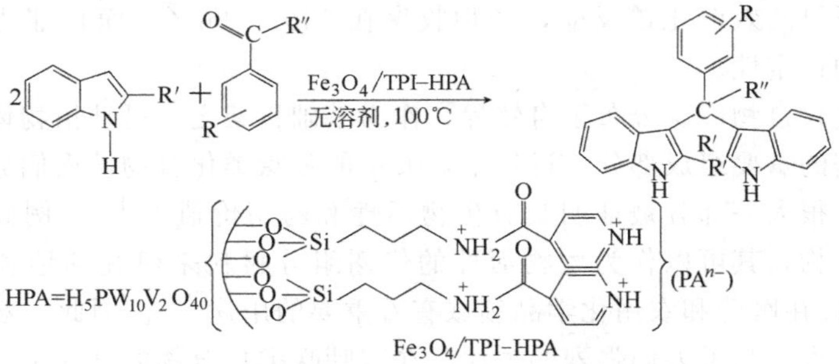

图 3-9　Fe_3O_4/TPI-HPA 催化合成双吲哚类化合物

究热点，例如，利用生物质来制备 5-羟甲基糠醛（HMF）及其衍生物[23～25]等。最近几十年来，各种单糖、寡糖、多糖相继成为 HMF 合成的底物，相应的催化体系也迅速发展起来，大量的结果表明，在所有糖类化合物中，果糖转化为 HMF 的效率是最高的，继而相比之下，最好的转化效果仍是以果糖为底物获得的。

例如，SBA-15 负载磺酸也被用于催化果糖转化为 HMF 的研究。Scott 等[26]通过一系列途径修饰的 SBA-15，并对此磺酸功能化的 SBA-15（TESAS-SBA-15）进行了系统的表征，最后检验了其在果糖脱水转化中的催化活性（图 3-10），结果显示，果糖的转化率达 84%，而 HMF 的收率为 71%。

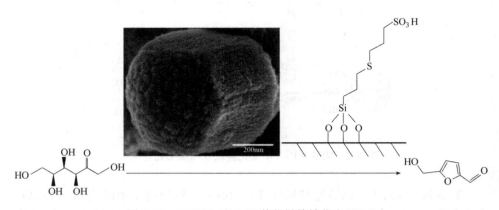

图 3-10　TESAS-SBA-15 催化果糖转化为 HMF

Chen 小组[27]报道了一系列磺酸功能化的碳材料，包括聚苯乙烯磺酸接枝的碳纳米管、碳纳米纤维、苯磺酸接枝的介孔 CMK-5 等，用于催化果糖二甲基亚砜（DMSO）中转化为 HMF 和醇中直接合成乙酰丙酸酯类化合物的反应（图 3-11），经过反应条件优化，HMF 的收率最高可达 89%。

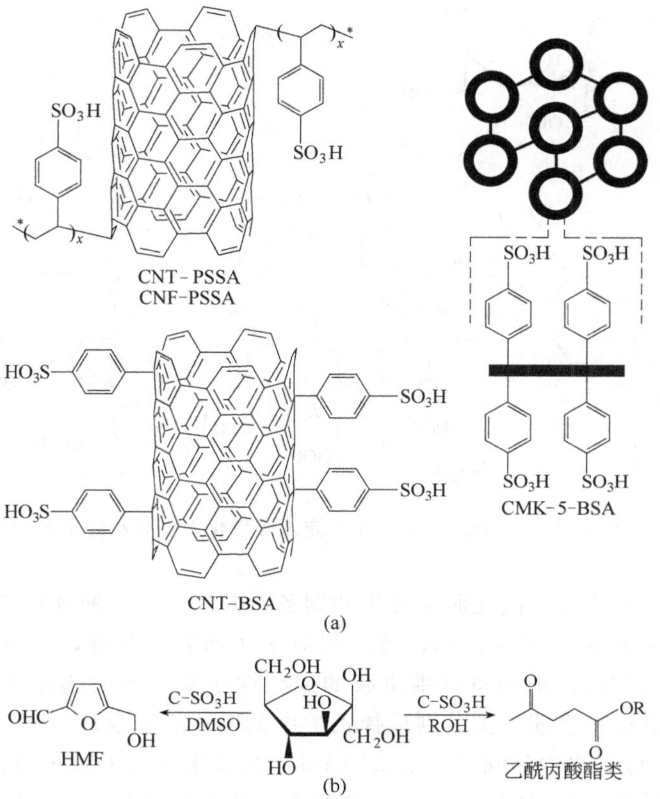

图 3-11 磺酸功能化碳材料催化果糖转化为 HMF 和乙酰丙酸酯类化合物

Sidhpuria 等人[28]将酸性咪唑基离子液体负载于二氧化硅纳米颗粒的表面，进而将其用于催化果糖脱水转化为 HMF 的反应（图 3-12）。在最佳反应条件下，即以 DMSO 为溶剂，130℃下反应 30min，果糖的转化率高达 99.9%，而 HMF 的收率为 63.0%，并且负载离子液体循环使用 7 次，催化效果没有明显下降。

另外，Qi 等[29]报道了将纤维素衍生的无定形碳磺化后，作为催化剂在离子液体（[BMIM][Cl]）中用于果糖脱水转化为 HMF 的反应（图 3-13）。经过反应条件优化，结果显示，在 80℃下，反应 10min，HMF 的收率达 83%，而催化剂循环使用 5 次，HMF 的收率降低了 5%。

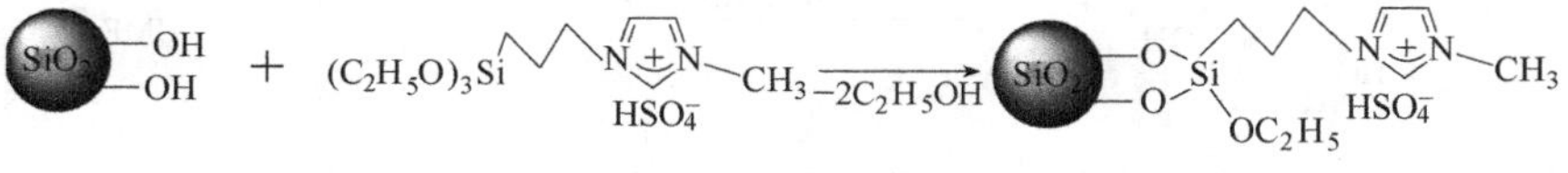

图 3-12 二氧化硅纳米颗粒负载酸性离子液体的制备

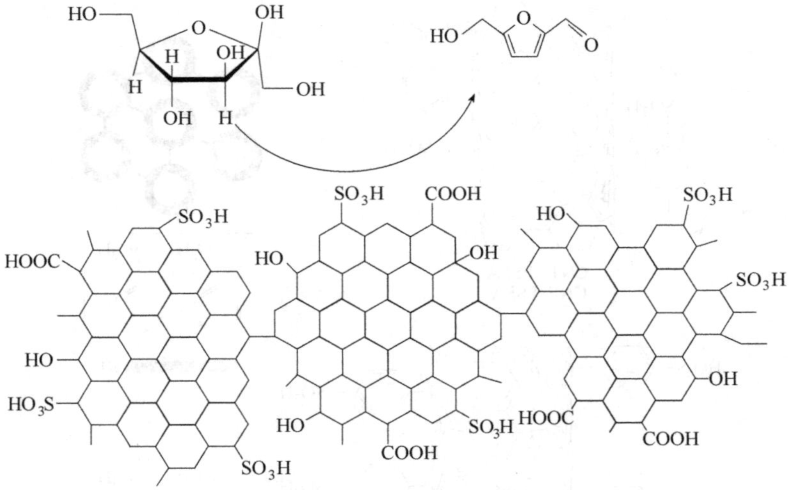

图 3-13　磺酸功能化纤维素衍生无定形碳催化果糖脱水转化为 HMF

结合第 2 章中胺功能化腈纶纤维的制备，并以设计一种具有较高活性的负载型 Brønsted 酸催化剂为目标，考虑拟对多胺功能化纤维，在甲磺酸的水溶液中直接进行酸化，来制备纤维负载的强酸性铵盐，进而选择不同类型的反应，来考察其应用性能。拟分别选择乙醇中的 Biginelli 反应、甲苯中的 Pechmann 缩合反应、水中吲哚类 Friedel-Crafts 烷基化以及 DMSO 和混合体系中果糖的脱水转化反应（图 3-14），来详细检验其催化性能；对不同阶段的纤维试样进行表征，来考察其稳定性；并分别研究其在上述反应中的循环使用性能以及催化体系放大后的效果，为工业化应用提供借鉴。

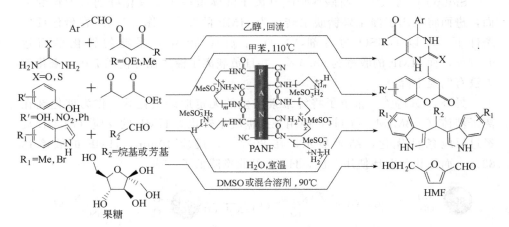

图 3-14　腈纶纤维负载多胺甲磺酸盐在不同体系中催化的不同类型的反应

3.2 腈纶纤维负载 Brønsted 酸催化剂的制备与表征

3.2.1 制备方法

第一步：干燥的腈纶纤维 2.0g、多乙烯多胺 15g 和去离子水 15mL 加入 100mL 的三口瓶中，电磁搅拌，保持均匀回流（102～103℃）24h。取出纤维，抽滤，用 60～70℃ 的水反复洗涤至洗液呈中性。空气中晾干后，再经真空干燥（60℃）12h，得多胺功能化腈纶纤维（PANF-PA）。

第二步：在 100mL 的三口瓶内，甲磺酸 10mL 缓慢溶解于 20mL 水中，然后加入干燥的 PANF-PA 2.0g，室温下搅拌 4h。然后取出纤维，抽滤，用 10mL 水淋洗。空气中晾干后，再经真空干燥（60℃）12h，得腈纶纤维负载的多胺甲磺酸盐（PANF-PAMSA），通过重量变化所得的酸负载量为 3.50mmol/g，与元素分析结果相当。

腈纶纤维负载 Brønsted 酸催化剂的制备如图 3-15 所示。首先，通过腈纶纤维的胺化反应来制备多胺功能化的纤维，如第 2 章所述，采用多乙烯多胺为胺化试剂，在其水溶液中进行纤维的胺化。腈纶纤维的胺化程度主要受到多乙

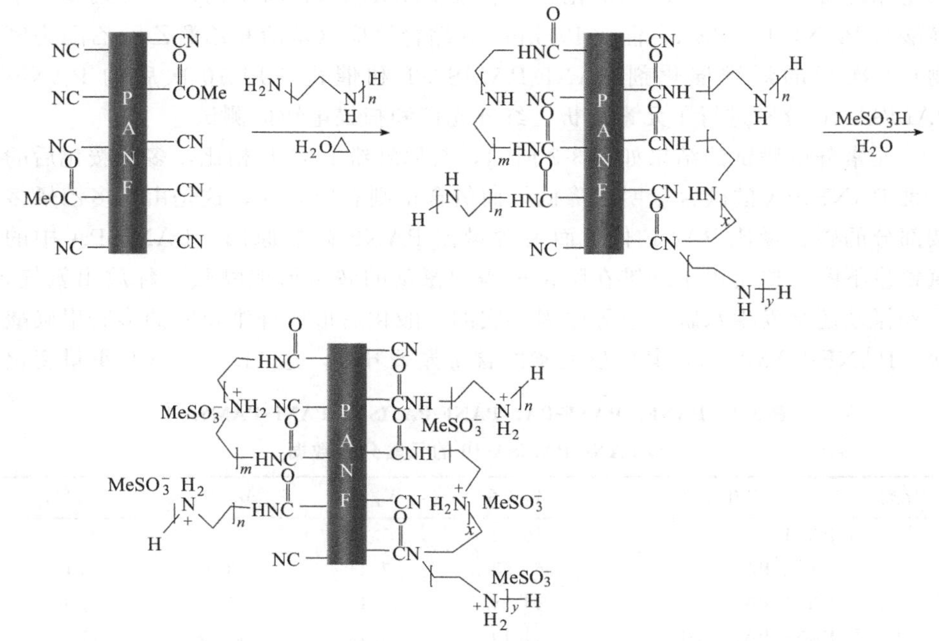

图 3-15 腈纶纤维负载多胺甲磺酸盐的制备

烯多胺的浓度、反应温度和反应时间的影响。另外，腈纶纤维的胺化程度与其机械强度之间也有着相互制约的关系：当其胺化程度较低时，纤维的强度较高，而当纤维的胺化程度较高时，纤维的强度则变得很低。为了得到胺化程度和力学强度均较为适宜的多胺功能化纤维，也为了接下来有利于制备纤维负载的多胺甲磺酸盐，固定胺的浓度和反应时间后，在一定范围内，不同的胺化程度可通过适当改变反应温度来获得。最后选择了在102～103℃微弱回流下反应24h，得到了力学强度较高，且胺化程度也较为适宜的多胺功能化腈纶纤维PANF-PA。

在甲磺酸的水溶液中，通过直接酸化来形成腈纶纤维负载的多胺甲磺酸盐PANF-PAMSA。通过酸化前后，纤维重量的变化，计算所得的Brønsted酸负载量为3.50mmol/g，与元素分析结果基本是一致的。

3.2.2 表征手段与分析

主要介绍一种高效腈纶纤维负载的Brønsted酸催化剂，所以对催化剂制备过程中各阶段的纤维试样，以及挑选在反应条件相对较为苛刻的Pechmann缩合反应中催化前后的纤维催化剂试样，进行了详细的表征。包括未功能化的腈纶原纤维PANF、多胺功能化腈纶纤维PANF-PA、新制的纤维负载多胺甲磺酸盐PANF-PAMSA、催化Pechmann缩合反应（苯酚和乙酰乙酸乙酯为底物）1次后的纤维催化剂PANF-PAMSA-1和催化使用10次后的PANF-PAMSA-10分别进行了元素分析、红外光谱和扫描电镜的测试。

元素分析测试的结果如表3-2所示，与原纤维PANF相比，多胺胺化后的纤维PANF-PA的碳含量明显降低，而氢含量则有所升高，这是由于多乙烯多胺部分的碳含量比PANF低，而氢含量比PANF高的原因；PANF-PA中的氮含量下降主要是由于纤维在胺化过程中氰基的胺解形成酰胺并释放出氨气，另外氰基还会发生水解反应等原因造成的。酸化后形成纤维负载的多胺甲磺酸盐（PANF-PAMSA），其中硫元素的含量显著升高，达11.63%（与重量变化

表3-2 PANF、PANF-PA、PANF-PAMSA、PANF-PAMSA-1 和 PANF-PAMSA-10 的元素分析数据

序列	纤维试样	$W_C/\%$	$W_H/\%$	$W_N/\%$	$W_S/\%$
1	PANF	66.12	5.95	24.47	0.23
2	PANF-PA	60.93	7.44	23.26	0.15
3	PANF-PAMSA	43.18	6.46	15.17	11.63
4	PANF-PAMSA-1	44.19	6.46	15.28	11.32
5	PANF-PAMSA-10	45.52	6.38	15.80	10.53

结果相符），而其它元素的含量则随之降低，这是由于甲磺酸本身的元素含量比例所导致的。当 PANF-PAMSA 作为 Pechmann 缩合反应的催化剂使用 1 次和 10 次后，相应的碳、氢、氮和硫含量没有发生太明显的变化，这说明纤维负载 Brønsted 酸催化剂的活性基团仍然存在，可进行更多次的循环。

图 3-16 为各阶段纤维试样的红外光谱图。与原纤维 PANF 相比，多胺胺化后的腈纶纤维 PANF-PA 在 3700～3150cm^{-1} 处出现宽的氨基 N—H 伸缩振动吸收峰，氰基由于反应消耗而减少，其在 2242cm^{-1} 处的吸收峰强度明显降低，另外，1731cm^{-1} 处 C=O 的吸收峰，由于胺化过程中甲氧羰基比氰基更容易发生氨解，其强度降低更加明显。在 1650～1560cm^{-1} 处出现新的宽的强吸收峰，它们对应酰胺中的羰基 C=O 的伸缩振动、C—N 伸缩振动和 N—H 弯曲振动吸收峰，叠合到一起，说明有大量酰胺的生成。

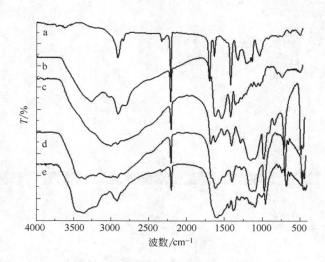

图 3-16　纤维试样的红外光谱图
a—PANF；b—PANF-PA；c—PANF-PAMSA；d—PANF-PAMSA-1；e—PANF-PAMSA-10

当 PANF-PA 酸化后形成 PANF-PAMSA，与前者相比，PANF-PAMSA 谱图在 1145cm^{-1} 和 680cm^{-1} 处出现了新的吸收峰，这组新的吸收峰可归属于甲磺酸根的吸收振动模式，也证明了纤维负载多胺甲磺酸盐制备的成功。

当 PANF-PAMSA 作为催化剂在 Pechmann 缩合反应中使用 1 次和 10 次后，其红外谱图与新制的 PANF-PAMSA 相比有略微的变化，这可能是催化反应过程中的中间体或产物吸附在纤维催化剂上所导致的，除此之外，主要的特征吸收峰都没有变化，这也说明了纤维负载的多胺甲磺酸仍然具有活性，可以继续进行循环催化。

各阶段纤维试样的扫描电镜图片见图 3-17。腈纶原纤维的表面相对较为光滑、均匀。多胺胺化后腈纶纤维的表面开始变得粗糙,而且纤维直径也明显变粗,这是因为在胺化过程中,纺丝的聚丙烯腈发生了溶胀现象,高分子链的排列不如原来紧密,部分表层分子高序排列的遭受破坏,使得纤维宏观表现为直径变粗,表面变得粗糙。当形成多胺甲磺酸盐后,纤维的表面变得更加粗糙,说明纤维发生进一步的溶胀,但是这些变化对于催化反应过程中,活性基团与反应底物的接触是有利的。PANF-PAMSA 在 Pechmann 缩合反应中使用 1 次和 10 次后,纤维的表面变得更为粗糙一些,但是纤维的整体脉络没有发生变化,表层也没有明显的断裂,这说明腈纶纤维作为酸载体也具有较高的强度。

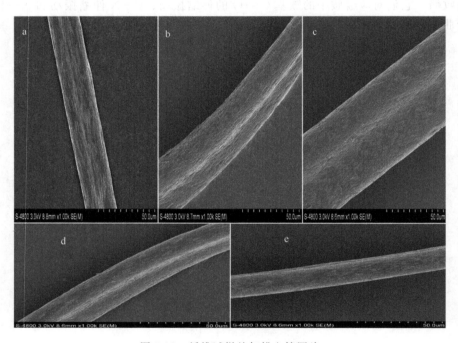

图 3-17　纤维试样的扫描电镜图片
a—PANF；b—PANF-PA；c—PANF-PAMSA；d—PANF-PAMSA-1；e—PANF-PAMSA-10

3.3　腈纶纤维负载 Brønsted 酸催化剂的应用

3.3.1　腈纶纤维负载 Brønsted 酸催化剂在 Biginelli 反应中的应用

腈纶纤维负载 Brønsted 酸催化 Biginelli 反应的一般步骤：在 100mL 三口瓶

中加入醛（5mmol）、1,3-二羰基化合物（5.5mmol）、脲或硫脲（7.5mmol）、PANF-PAMSA（0.0714g，5mol%）和乙醇（10mL），搅拌下加热回流8h。反应结束后，纤维催化剂用小镊子取出，并用10mL乙醇洗涤，抽滤，滤液合并到反应液中，浓缩，将结晶出的产品过滤，干燥后即得纯品。

腈纶纤维负载多胺甲磺酸盐 PANF-PAMSA 制备完成后，即被用作 Brønsted 酸催化剂尝试于一系列的反应中。首先测试的是三组分的 Biginelli 反应，各种不同取代的芳醛与脲或硫脲，以及乙酰乙酸乙酯或乙酰丙酮，在 5mol% PANF-PAMSA 的用量下，在极性质子溶剂乙醇中合成了一系列的 3,4-二氢嘧啶-2-酮类化合物（DHPMs，表 3-3，收率 81%～94%），并通过对照实验证明了 PANF-PAMSA 可靠的催化性能（表 3-3，序列 1～3）。另外，值得一提的是，当前的催化体系具有良好的底物适用性，不同官能团取代的芳醛，均能获得较好的收率，而且没有明显的空间位阻效应存在。但是，芳醛取

表 3-3 PANF-PAMSA 催化下的 Biginelli 反应[①]

序列	Ar	X	R	产品	收率[②]/%
1[③]	C_6H_5	O	OEt	1a	8
2[④]	C_6H_5	O	OEt	1a	81
3	C_6H_5	O	OEt	1a	88
4	4-MeOC$_6$H$_4$	O	OEt	1b	94
5	3-MeOC$_6$H$_4$	O	OEt	1c	91
6	2-MeOC$_6$H$_4$	O	OEt	1d	89
7	4-ClC$_6$H$_4$	O	OEt	1e	84
8	4-BrC$_6$H$_4$	O	OEt	1f	86
9	4-O$_2$NC$_6$H$_4$	O	OEt	1g	81
10	3,4-(CH$_3$)$_2$C$_6$H$_3$	O	OEt	1h	90
11	1-萘基	O	OEt	1i	85
12	2-噻吩基	O	OEt	1j	87
12	C_6H_5	S	OEt	1k	86
14	4-MeOC$_6$H$_4$	S	OEt	1l	91
15	C_6H_5	O	Me	1m	89
16	4-MeOC$_6$H$_4$	O	Me	1n	93

[①]反应条件：醛（5mmol），乙酰乙酸乙酯或乙酰丙酮（5.5mmol），脲或硫脲（7.5mmol）和 PANF-PAMSA（5mol%）在乙醇（10mL）里回流 8h。[②]分离收率。[③]无催化剂空白对照。[④]甲磺酸作为催化剂（5mol%）。

代基的电子效应对产物收率的影响却显而易见，表现为含有供电子基团的芳醛（表 3-3，序列 4~6，10）所得产物的收率，明显高于芳环上含有吸电子基团的芳醛（表 3-3，序列 7~9）。

3.3.2 腈纶纤维负载 Brønsted 酸催化剂在 Pechmann 缩合反应中的应用

腈纶纤维负载 Brønsted 酸催化 Pechmann 缩合反应的一般步骤：在 100mL 三口瓶中加入酚（5mmol）、乙酰乙酸乙酯（5.5mmol）、PANF-PAMSA（0.0714g，5mol%）和甲苯（10mL），搅拌下 110℃反应 4h。反应毕，纤维催化剂用小镊子取出，并用 5mL 甲苯洗涤，抽滤，滤液合并到反应液中，然后将产物过滤，并用乙醇和水的混合液（10mL，体积比 1:1）冲洗，收集产物干燥得纯品。

PANF-PAMSA 催化 Pechmann 缩合反应的结果如表 3-4 所示。同样在 5mol% PANF-PAMSA 的用量下，酚类化合物与乙酰乙酸乙酯在非极性溶剂甲苯中反应，来合成香豆素类化合物。研究结果显示，PANF-PAMSA 在该类型反应中仍表现出了较高的催化活性，选择性合成了 4 种 4-甲基香豆素化合物（收率 76%~95%）。该类反应表现出了较强的电子效应，其中，活泼的酚类化合物如间苯二酚、间苯三酚和连苯三酚分别得到了 95%、92% 和 90% 的香豆素产物（表 3-4，序列 1~5）；反应活性稍差的 1-萘酚所对应的香豆素收率为 76%（表 3-4，序列 6）；而对于惰性的 3-硝基苯酚或 4-硝基苯酚则得不到相应的产物（表 3-4，序列 7，8）。

表 3-4 PANF-PAMSA 催化下的 Pechmann 缩合反应[①]

序列	酚	产物	收率[②]/%
1[③]	间苯二酚	2a	NR[④]
2[⑤]	间苯二酚	2a	95
3	间苯二酚	2a	95
4	间苯三酚	2b	92
5	连苯三酚	2c	90
6	1-萘酚	2d	76
7	3-硝基酚	2e	NR[④]
8	4-硝基酚	2f	NR[④]

①反应条件：酚（5mmol）、乙酰乙酸乙酯（5.5mmol）和 PANF-PAMSA（5mol%），在甲苯（10mL）里 110℃反应 4h。②分离收率。③无催化剂空白对照。④不反应。⑤甲磺酸作为催化剂（5mol%）。

3.3.3 腈纶纤维负载 Brønsted 酸催化剂在吲哚 Friedel-Crafts 烷基化中的应用

腈纶纤维负载 Brønsted 酸催化 Pechmann 缩合反应的一般步骤：在 100mL 三口瓶中加入吲哚类化合物（2mmol）、醛（1mmol）、PANF-PAMSA（0.0571g，10mol%）和水（10mL），室温下搅拌反应 4h。反应结束后，纤维催化剂用小镊子取出，并用 10mL 水洗涤，抽滤，滤液合并到反应液中，然后将产物过滤，并用乙醇-水的混合液（10mL，体积比 1∶1）冲洗，收集产物避光干燥即得纯品。

将 PANF-PAMSA 用于水相催化吲哚类化合物的 Friedel-Crafts 烷基化反应（表 3-5）。结果显示，在 PANF-PAMSA 作用下，该反应也能顺利进行，并且高收率的合成了一系列的双吲哚甲烷类化合物（收率 81%～96%）。需要指出的是，反应底物上取代基的空间位阻对相应产物的收率有着明显的影响，空间位阻越大，对应双吲哚甲烷类产物的收率也就越低（表 3-5，序列 6、14）；另外，脂肪醛的活性同样也不及芳香醛（表 3-5，序列 12）。

表 3-5　PANF-PAMSA 催化下吲哚化合物的 Friedel-Crafts 烷基化反应[①]

序列	R^1	R^2	产品	收率[②]/%
1[③]	H	C_6H_5	3a	痕量
2[④]	H	C_6H_5	3a	72
3	H	C_6H_5	3a	96
4	H	4-MeOC_6H_4	3b	93
5	H	3-MeOC_6H_4	3c	91
6	H	2-MeOC_6H_4	3d	84
7	H	4-HOC_6H_4	3e	94
8	H	4-ClC_6H_4	3f	89
9	H	$4\text{-O}_2NC_6H_4$	3g	95
10	H	2-呋喃基	3j	88
11	H	2-噻吩基	3k	89

续表

序列	R^1	R^2	产品	收率[②]/%
12	H	Et	3l	81
13	1-Me	C_6H_5	3m	91
14	2-Me	C_6H_5	3n	87
15	5-Br	C_6H_5	3o	92

①反应条件：吲哚类化合物（2mmol）、醛（1mmol）、PANF-PAMSA（0.0571g，10mol%）和水（10mL），室温下搅拌反应4h。②分离收率。③无催化剂空白对照。④甲磺酸作为催化剂（5mol%）。

3.3.4 腈纶纤维负载 Brønsted 酸催化剂在果糖脱水转化为 HMF 中的应用

腈纶纤维负载 Brønsted 酸催化果糖脱水转化为 HMF 的一般步骤为：果糖（0.5g，2.77mmol），PANF-PAMSA（0.0595g，7.5mol%）和相应的溶剂（10mL）加入 50mL 的三口瓶中，搅拌下预加热至 90℃，然后保持相应的时间。反应结束后，用小镊子把 PANF-PAMSA 取出，用 DMSO（10mL）淋洗，将淋洗液与反应液合并后，用水稀释定容至 500mL，然后利用高效液相色谱（配紫外检测器）对 HMF 进行定量分析。

在 DMSO 以及水和有机溶剂的混合体系中来测试 PANF-PAMSA 催化果糖的脱水转化为 HMF 的反应效果。如表 3-6 所示，以 DMSO 为溶剂，无催化剂时，HMF 的收率不足 1%（表 3-6，序列 1），而甲磺酸由于其酸性太强，对果糖转化过程中的副反应具有促进作用，所得 HMF 的收率仅为 69%（表 3-6，序列 2）；当使用 PANF-PAMSA 做催化剂时，反应 1h，HMF 的收率竟然高达 85%（表 3-6，序列 3），也显示了 PANF-PAMSA 较高的催化活性。除此之外，PANF-PAMSA 在水和有机溶剂的混合体系中也表现出了较优异的催化效果。例如，在水与 DMSO 的混合体系中，反应 1h，HMF 的收率达 79%（表 3-6，序列 6）；水与甲基异丁基甲酮（MIBK）的混合体系中，反应 3h 可得到 72% 的 HMF 收率（表 3-6，序列 9）。

3.3.5 催化循环与体系放大

选用模型反应来考察 PANF-PAMSA 的循环使用性能，当一个循环结束时，将纤维抽滤，简单冲洗后，不经其它处理直接将其用于下一个循环，方便简捷。而且，各循环实验结果显示 PANF-PAMSA 均表现出了相对较好的循

表 3-6 PANF-PAMSA 催化的果糖脱水转化为 HMF 反应[①]

序列	溶剂	组成(体积比)	时间/h	收率[②]/%
1[③]	DMSO	100%	1.0	<1
2[④]	DMSO	100%	1.0	69
3	DMSO	100%	1.0	85
4	DMSO	100%	2.0	81
5[⑤]	H_2O-DMSO	2:8	1.0	46
6	H_2O-DMSO	2:8	1.0	79
7	H_2O-DMSO	2:8	2.0	70
8	H_2O-MIBK	2:8	1.5	61
9	H_2O-MIBK	2:8	3.0	72

[①]反应条件：果糖（0.5g，2.77mmol）、PANF-PAMSA（0.0595g，7.5mol%）和溶剂（10mL），90℃，反应相应时间。[②]HPLC 检测。[③]无催化剂空白对照。[④]甲磺酸作为催化剂（5mol%）。

环使用能力和较高的稳定性。

表 3-7 为 PANF-PAMSA 在三组分的 Biginelli 反应中循环使用的实验结果。研究显示，以苯甲醛、脲和乙酰乙酸乙酯为底物，PANF-PAMSA 在乙醇中回流催化反应，循环使用 10 次，相应产物的收率从 86% 减少到 78%，收率并没有太明显的降低，而且 PANF-PAMSA 循环前后的重量也没有发生明显的变化（0.0715～0.0689g）。另外，循环 10 次后的纤维强度有所降低，且颜色加深。

表 3-7 PANF-PAMSA 在 Biginelli 反应中的循环使用性能

循环	1	2	3	4	5	6	7	8	9	10
收率/%	86	87	86	84	85	82	83	80	81	78

PANF-PAMSA 在 Pechmann 缩合反应中循环使用的实验结果见表 3-8。以间苯二酚和乙酰乙酸乙酯为底物，PANF-PAMSA 在 110℃的甲苯中循环催化该反应，重复使用 10 次，产物收率从 95%降至 89%，也没有发生明显的收率降低，PANF-PAMSA 循环前后的重量也没有发生明显的变化（0.0714～0.0695g）。而且，除纤维试样颜色加深外，PANF-PAMSA 相应的表观形貌并没有发生明显的变化。

表 3-8　PANF-PAMSA 在 Pechmann 缩合反应中的循环使用性能

循环	1	2	3	4	5	6	7	8	9	10
收率/%	95	94	92	93	92	91	90	92	90	89

PANF-PAMSA 在水相中，循环催化吲哚类化合物 Friedel-Crafts 烷基化反应的实验结果见表 3-9。以吲哚和苯甲醛为底物，PANF-PAMSA 循环使用 10 次，产物收率只有 5%的降低，也显示了其较高的循环使用性能；而且，其前后的重量也没有发生明显的变化（0.0576～0.0569g），也表现出了较高的稳定性。另外，由于产物的吸附，导致循环使用后纤维试样的颜色加深。

表 3-9　PANF-PAMSA 催化吲哚类化合物 Friedel-Crafts 烷基化反应中的循环使用性能

循环	1	2	3	4	5	6	7	8	9	10
收率/%	96	94	95	93	95	92	94	93	92	91

最后，表 3-10 为 PANF-PAMSA 在水和 DMSO 的混合溶剂中，循环催化果糖脱水转化为 HMF 的实验结果。当 PANF-PAMSA 循环使用 5 次后，HMF 的收率从 78%降至 54%，虽然产物的收率降低较为明显，但是在前 3 次的循环催化的实验中，HMF 的收率只有 6%的降低，PANF-PAMSA 的催化活性也基本得到了保持；另外，循环前后 PANF-PAMSA 的重量改变相对也较为明显（0.0596～0.0562g）。而且，在该混合体系中循环后，纤维的强度也有所下降，此外，由于果糖脱水过程中的副反应所产生不溶性的腐黑物，会吸附在纤维催化剂上，因此也导致纤维试样的外观颜色严重加深。

表 3-10 PANF-PAMSA 在果糖脱水转化为 HMF 反应中的循环使用性能

循环	1	2	3	4	5
收率/%	78	75	72	67	54

最后，通过对上述四类反应体系的放大实验，考察了 PANF-PAMSA 合成应用能力。选用模型反应（同循环实验），所使用的底物均被放大到克级，在不延长反应时间也不提高反应温度的情况下，上述四种不同类型的反应均能够顺利进行，而且相应的产物均获得了较高的收率。更值得一提的是，在水和 DMSO 的混合体系中，PANF-PAMSA 催化果糖脱水转化的反应放大后，经简单萃取，减压蒸馏所得 HMF 的收率竟高达 72%。综合以上实验结果以及纤维催化剂在固定床反应器领域潜在的应用价值，不难发现，PANF-PAMSA 在化工生产中具有一定的应用前景。

3.3.6 催化所合成化合物的表征

(1a)

6-甲基-4-苯基-5-乙氧羰基-3,4-二氢嘧啶-2-酮
5-Ethoxycarbonyl-6-methyl-4-phenyl-3,4-dihydropyrimidin-2(1H)-one
m. p. 202～203℃；^{1}H NMR(600MHz, DMSO)δ9.27(s, 1H), 7.81(s, 1H), 7.48～7.13(m, 5H), 5.19(s, 1H), 4.02(d, J=7.0Hz, 2H), 2.29(s, 3H), 1.13(t, J=6.9Hz, 3H)；^{13}C NMR(151MHz, DMSO)δ166.33, 153.17, 149.40, 145.87, 129.41, 128.29, 127.26, 100.21, 60.21, 54.97, 18.80, 15.08。

(1b)

6-甲基-4-(4-甲氧基苯基)-5-乙氧羰基-3,4-二氢嘧啶-2-酮

5-Ethoxycarbonyl-4-(4-methoxyphenyl)-6-methyl-3,4-dihydropyrimidin-2(1H)-one

m. p. 199~200℃；^{1}H NMR(600MHz, DMSO)δ9.23(s, 1H), 7.74(s, 1H), 7.19(d, J=6.8Hz, 2H), 6.91(d, J=6.8Hz, 2H), 5.13(s, 1H), 4.01(d, J=6.0Hz, 2H), 3.75(s, 3H), 2.28(s, 3H), 1.14(s, 3H); ^{13}CNMR(151MHz, DMSO)δ166.37, 159.43, 153.20, 149.05, 138.05, 128.41, 114.69, 100.52, 60.17, 56.05, 54.34, 18.77, 15.10。

(1c)

6-甲基-4-(3-甲氧基苯基)-5-乙氧羰基-3,4-二氢嘧啶-2-酮

5-Ethoxycarbonyl-4-(3-methoxyphenyl)-6-methyl-3,4-dihydropyrimidin-2(1H)-one

m. p. 214~215℃；^{1}H NMR(600MHz, DMSO)δ9.26(s, 1H), 7.80(s, 1H), 7.28(s, 1H), 6.99~6.54(m, 3H), 5.16(s, 1H), 4.03(d, J=6.4Hz, 2H), 3.76(s, 3H), 2.28(s, 3H), 1.15(s, 3H); ^{13}C NMR(151MHz, DMSO)δ166.34, 160.18, 153.24, 149.48, 147.33, 130.58, 119.22, 113.39, 113.09, 100.09, 60.24, 55.93, 54.70, 18.78, 15.11。

(1d)

6-甲基-4-(2-甲氧基苯基)-5-乙氧羰基-3,4-二氢嘧啶-2-酮

5-Ethoxycarbonyl-4-(2-methoxyphenyl)-6-methyl-3,4-dihydropyrimidin-2(1H)-one

m. p. 256~257℃；^{1}H NMR(600MHz, DMSO)δ9.20(s, 1H), 7.44~6.74(m, 5H), 5.53(s, 1H), 3.95(s, 2H), 3.83(s, 3H), 2.32(s, 2H), 1.06(s, 3H); ^{13}C NMR(151MHz, DMSO)δ166.35, 157.49, 153.22,

149.89,132.58,129.68,128.08,121.14,112.08,98.54,59.98,56.35,49.81,18.72,15.01。

(1e)

6-甲基-4-(4-氯苯基)-5-乙氧羰基-3,4-二氢嘧啶-2-酮

4-(4-Chlorophenyl)-5-ethoxycarbonyl-6-methyl-3,4-dihydropyrimidin-2(1H)-one

m. p. 209~210℃；^{1}H NMR(600MHz, DMSO)δ9.32(s,1H),7.84(s,1H),7.43(d,J=8.3Hz,2H),7.29(d,J=8.4Hz,2H),5.18(d,J=2.9Hz,1H),4.02(q,J=6.9Hz,2H),2.29(s,3H),1.13(t,J=7.1Hz,3H)；^{13}C NMR(151MHz,DMSO)δ166.19,152.96,149.76,144.79,132.79,129.41,129.20,99.77,60.27,54.42,18.82,15.06。

(1f)

6-甲基-4-(4-溴苯基)-5-乙氧羰基-3,4-二氢嘧啶-2-酮

4-(4-Bromophenyl)-5-ethoxycarbonyl-6-methyl-3,4-dihydropyrimidin-2(1H)-one

m. p. 213~214℃；^{1}H NMR(600MHz, DMSO)δ9.32(s,1H),7.84(s,1H),7.57(d,J=8.1Hz,2H),7.23(d,J=8.1Hz,2H),5.17(d,J=1.9Hz,1H),4.02(q,J=6.9Hz,2H),2.29(s,3H),1.13(t,J=7.0Hz,3H)；^{13}C NMR(151MHz,DMSO)δ166.18,152.95,149.77,145.19,132.33,129.56,121.32,99.71,60.28,54.48,18.82,15.07。

(1g)

6-甲基-4-(4-硝基苯基)-5-乙氧羰基-3,4-二氢嘧啶-2-酮

5-Ethoxycarbonyl-6-methyl-4-(4-nitrophenyl)-3,4-dihydropyrimidin-2(1H)-one

m. p. 209~210℃；^{1}H NMR(600MHz, DMSO)δ9.42(s, 1H), 8.26(d, J=8.2Hz, 2H), 7.95(s, 1H), 7.54(d, J=8.2Hz, 2H), 5.31(s, 1H), 4.02(q, J=13.6, 6.7Hz, 2H), 2.30(s, 3H), 1.13(t, J=6.9Hz, 3H); ^{13}C NMR(151MHz, DMSO)δ166.04, 152.99, 152.75, 150.42, 147.69, 128.66, 124.86, 99.12, 60.40, 54.63, 18.87, 15.04。

(1h)

6-甲基-4-(3,4-二甲基苯基)-5-乙氧羰基-3,4-二氢嘧啶-2-酮
4-(3,4-Dimethylphenyl)-5-ethoxycarbonyl-6-methyl-3,4-dihydropyrimidin-2(1H)-one

m. p. 230~231℃；^{1}H NMR(600MHz, DMSO)δ 9.20(s, 1H), 7.72(s, 1H), 7.34~6.87(m, 3H), 5.12(s, 1H), 4.01(t, J=13.5, 6.6Hz, 2H), 2.40~2.04(m, 9H), 1.15(t, J=6.9Hz, 3H); ^{13}C NMR(151MHz, DMSO) δ 166.37, 153.21, 149.07, 143.36, 136.90, 136.10, 130.41, 128.41, 124.58, 100.38, 60.15, 54.65, 20.60, 20.03, 18.78, 15.10。

(1i)

6-甲基-4-(1-萘基)-5-乙氧羰基-3,4-二氢嘧啶-2-酮
5-Ethoxycarbonyl-6-methyl-4-(1-naphthalenyl)-3,4-dihydropyrimidin-2(1H)-one

m. p. 247~248℃；^{1}H NMR(600MHz, DMSO)δ 9.34(s, 1H), 8.35(s, 1H), 8.14~7.20(m, 8H), 6.11(s, 1H), 3.84(d, J=27.8Hz, 2H), 2.41(s, 3H), 0.85(s, 3H); ^{13}C NMR(151MHz, DMSO)δ 166.29, 152.69, 149.78, 141.43, 134.45, 131.05, 129.45, 128.90, 127.04, 126.72, 126.64, 125.20, 124.66, 100.09, 60.03, 50.70, 18.78, 14.81。

(1j)

6-甲基-4-(2-噻吩基)-5-乙氧羰基-3,4-二氢嘧啶-2-酮

5-Ethoxycarbonyl-6-methyl-4-(2-thienyl)-3,4-dihydropyrimidin-2(1*H*)-one

m. p. 206~207℃;^{1}H NMR(600MHz, DMSO)δ 9.39(s, 1H), 7.98(s, 1H), 7.39(d, J=4.8Hz, 1H), 6.97(q, J=17.1, 12.7Hz, 2H), 5.46(d, J=2.9Hz, 1H), 4.10(q, J=7.0Hz, 2H), 2.26(s, 3H), 1.20(t, J=7.0Hz, 3H);^{13}C NMR(151MHz, DMSO)δ 166.02, 153.29, 149.77, 149.70, 127.69, 125.67, 124.53, 100.74, 60.39, 50.32, 18.70, 15.16。

(1k)

6-甲基-4-苯基-5-乙氧羰基-3,4-二氢嘧啶-2-硫酮

5-Ethoxycarbonyl-6-methyl-4-phenyl-3,4-dihydropyrimidin-2(1*H*)-thione

m. p. 204-205℃;^{1}H NMR(600MHz, DMSO)δ 10.40(s, 1H), 9.72(s, 1H), 7.60~7.13(m, 5H), 5.21(s, 1H), 4.04(q, J=6.4Hz, 2H), 2.33(s, 2H), 1.12(t, J=15.8Hz, 3H);^{13}C NMR(151MHz, DMSO)δ 175.17, 166.11, 146.07, 144.48, 129.57, 128.70, 127.39, 101.64, 60.60, 54.99, 18.16, 15.00。

(1l)

6-甲基-4-(4-甲氧基苯基)-5-乙氧羰基-3,4-二氢嘧啶-2-硫酮

5-Ethoxycarbonyl-4-(4-methoxyphenyl)-6-methyl-3,4-dihydropyrimidin-2(1*H*)-thione

m. p. 154~155℃;^{1}H NMR(600MHz, DMSO)δ 10.36(s, 1H), 9.66(s, 1H), 7.17(d, J=7.9Hz, 2H), 6.94(d, J=7.8Hz, 2H), 5.15(s, 1H), 4.03(d, J=6.8Hz, 2H), 3.76(s, 3H), 2.32(s, 3H), 1.14(t, J=6.5Hz, 3H);^{13}C NMR(151MHz, DMSO)δ 174.96, 166.15, 159.72, 145.78, 136.69, 128.62, 114.86, 101.91, 60.56, 56.06, 54.41, 18.15, 15.03。

(1m)

6-甲基-4-苯基-5-乙酰基-3,4-二氢嘧啶-2-酮
5-Acetyl-6-methyl-4-phenyl-3,4-dihydropyrimidin-2(1H)-one

m. p. 236~237℃;^{1}H NMR(600MHz, DMSO)δ 9.27(s, 1H), 7.91(s, 1H), 7.39~7.24(m, 5H), 5.31(s, 1H), 2.33(s, 3H), 2.15(s, 3H);^{13}C NMR(151MHz, DMSO)δ 195.28, 153.19, 149.20, 145.24, 129.55, 128.37, 127.45, 110.56, 54.81, 31.37, 19.95。

(1n)

6-甲基-4-(4-甲氧基苯基)-5-乙酰基-3,4-二氢嘧啶-2-酮
5-Acetyl-4-(4-methoxyphenyl)-6-methyl-3,4-dihydropyrimidin-2(1H)-one

m. p. 176~178℃;^{1}H NMR(600MHz, DMSO)δ 9.22(s, 1H), 7.83(s, 1H), 7.20(s, 1H), 6.92(s, 2H), 5.24(s, 1H), 3.75(s, 3H), 2.32(s, 3H), 2.11(s, 3H);^{13}C NMR(151MHz, DMSO)δ 195.39, 159.50, 153.14, 148.86, 137.36, 128.66, 114.85, 110.58, 56.07, 54.29, 31.21, 19.88。

(2a)

4-甲基-7-羟基香豆素
7-Hydroxy-4-methylcoumarin

m. p. 184~185℃;^{1}H NMR(600MHz, DMSO)δ 10.57(s, 1H), 7.60(d, J=8.1Hz, 1H), 6.82(d, J=7.5Hz, 1H), 6.73(s, 1H), 6.15(s, 1H), 2.38(s, 3H);^{13}C NMR(151MHz, DMSO)δ 162.14, 161.29, 155.81,

154.52,127.58,113.82,112.99,111.24,103.15,19.11。

(2b)

4-甲基-5,7-二羟基香豆素
5,7-Dihydroxy-4-methylcoumarin

m. p. 285~286℃;^{1}H NMR(600MHz,DMSO)δ 10.57(s,1H),10.35(s,1H),6.29(s,1H),6.20(s,1H),5.87(s,1H),2.51(s,3H);^{13}C NMR(151MHz,DMSO)δ 162.14,161.29,155.81,154.52,127.58,113.82,112.99,111.24,103.15,19.11。

(2c)

4-甲基-7,8-二羟基香豆素
7,8-Dihydroxy-4-methylcoumarin

m. p. 238~239℃;^{1}H NMR(600MHz,DMSO)δ 10.11(s,1H),9.36(s,1H),7.12(d,J=8.5Hz,1H),6.84(d,J=8.5Hz,1H),6.15(s,1H),2.38(s,3H);^{13}C NMR(151MHz,DMSO)δ 161.23,154.95,150.39,144.29,133.14,116.48,113.75,113.10,111.18,19.26。

(2d)

4-甲基-7,8-苯并香豆素
4-Methyl-7,8-benzocoumarin

m. p. 155~157℃;^{1}H NMR(600MHz,DMSO)δ 8.32(d,J=7.2Hz,1H),8.02(d,J=7.1Hz,1H),7.82~7.71(m,4H),6.48(s,1H),2.50(s,3H);^{13}C NMR(151MHz,DMSO)δ 160.54,155.03,150.52,135.24,129.52,128.86,128.25,124.83,123.07,122.50,122.09,115.94,114.78,19.59。

3,3′-苯亚甲基双吲哚

3,3′-(Phenylmethylene)bis(1H-indole)

m.p. 124~126℃；^{1}H NMR(600MHz, DMSO)δ 10.87(s, 2H), 7.39~6.85(m, 15H), 5.87(s, 1H)；^{13}C NMR(151MHz, DMSO)δ 145.93(s), 137.52(s), 129.26(s), 128.99(s), 127.56(s), 126.74(s), 124.50(s), 121.83(s), 120.06(s), 119.12(s), 118.99(s), 112.40(s), 40.03(s)。

3,3′-(4-甲氧基苯亚甲基)双吲哚

3,3′-[(4-Methoxyphenyl)methylene]bis(1H-indole)

m.p. 191~192℃；^{1}H NMR(600MHz, DMSO)δ 10.85(s, 2H), 7.40~6.84(m, 14H), 5.82(s, 1H), 3.74(s, 3H)；^{13}C NMR(151MHz, DMSO)δ 158.25, 137.91, 137.57, 130.17, 127.58, 124.40, 121.80, 120.14, 119.39, 119.09, 114.34, 112.40, 55.83, 40.31。

3,3′-(3-甲氧基苯亚甲基)双吲哚

3,3′-[(3-Methoxyphenyl)methylene]bis(1H-indole)

m.p. 175~177℃；^{1}H NMR(600MHz, DMSO)δ 10.88(s, 2H), 7.40~6.78(m, 14H), 5.86(s, 1H), 3.71(s, 3H)；^{13}C NMR(151MHz, DMSO)δ 160.04, 147.62, 137.52, 129.98, 127.60, 124.49, 121.84, 121.71, 120.09, 119.14, 118.87, 115.47, 112.42, 111.57, 55.77, 40.03。

3,3′-(2-甲氧基苯亚甲基)双吲哚
3,3′-[(2-Methoxyphenyl)methylene]bis(1H-indole)

m. p. 139～140℃；^{1}H NMR(600MHz, DMSO)δ 10.81(s, 2H), 7.39～6.77(m, 14H), 6.26(s, 1H), 3.84(s, 3H)；^{13}C NMR(151MHz, DMSO)δ 157.25, 137.58, 133.59, 130.13, 128.02, 127.75, 124.60, 121.82, 121.02, 119.92, 119.12, 118.80, 112.43, 111.78, 56.50, 32.45。

3,3′-(4-羟基苯亚甲基)双吲哚
3,3′-[(4-Hydroxyphenyl)methylene]bis(1H-indole)

m. p. 212～213℃；^{1}H NMR(600MHz, DMSO)δ 10.82(s, 2H), 9.20(s, 1H), 7.38～6.71(m, 14H), 5.75(s, 1H)；^{13}C NMR(151MHz, DMSO)δ 156.24, 137.55, 136.15, 130.11, 127.62, 124.35, 121.75, 120.16, 119.63, 119.04, 115.72, 112.36, 39.82。

3,3′-(4-氯苯亚甲基)双吲哚
3,3′-[(4-Chlorophenyl)methylene]bis(1H-indole)

m. p. 87～89℃；^{1}H NMR(600MHz, DMSO)δ 10.92(s, 2H), 7.41～6.88(m, 14H), 5.90(s, 1H)；^{13}C NMR(151MHz, DMSO)δ 144.98, 137.56, 131.24, 131.11, 128.99, 127.44, 124.61, 121.95, 120.02, 119.25,

118.52，112.49，39.95。

3，3′-(4-硝基苯亚甲基)双吲哚
3，3′-[(4-Nitrophenyl)methylene]bis(1*H*-indole) (3g)

m. p. 244～245℃；^{1}H NMR(600MHz, DMSO)δ 10.99(s, 2H)，8.20～6.93(m, 14H)，6.08(s, 1H)；^{13}C NMR(151MHz, DMSO)δ 154.11，146.70，137.55，130.42，127.32，124.83，124.40，122.08，119.90，119.39，117.63，112.56，40.03。

3，3′-(2-呋喃亚甲基)双吲哚
3，3′-(Furan-2-ylmethylene)bis(1*H*-indole) (3h)

m. p. >300℃；^{1}H NMR(600MHz, DMSO)δ 10.91(s, 2H)，7.57～6.13(m, 13H)，5.93(s, 1H)；^{13}C NMR(151MHz, DMSO)δ 142.27，137.34，127.30，124.21，121.81，119.99，119.19，116.62，112.42，111.17，108.68，106.76，34.51。

3，3′-(2-噻吩亚甲基)双吲哚
3，3′-(Thiophen-2-ylmethylene)bis(1*H*-indole) (3i)

m. p. 186～187℃；^{1}H NMR(600MHz, DMSO)δ 10.92(s, 2H)，7.43～6.91(m, 13H)，6.18(s, 1H)；^{13}C NMR(151MHz, DMSO)δ 150.51，137.42，127.32，127.26，125.62，124.75，124.22，121.89，120.06，119.21，

119.04，112.46，35.82。

3,3′-(丙-1,1-亚基)双吲哚
3,3′-(Propane-1,1-diyl)bis(1H-indole)

m. p. 127～128℃；^{1}H NMR(600MHz, DMSO)δ 10.79(s, 2H)，7.54～6.89(m, 10H)，4.31(t, J=6.6 Hz, 1H)，2.45～1.98(m, 2H)，0.96(t, J=6.4Hz, 3H)；^{13}C NMR(151MHz, DMSO)δ 137.44，127.69，122.88，121.52，120.00，119.63，118.80，112.25，36.42，28.93，14.05。

1,1′-二甲基-3,3′-苯亚甲基双吲哚
3,3′-(Phenylmethylene)bis(1-methyl-1H-indole)

m. p. 191～192℃；^{1}H NMR(600MHz, DMSO)δ 7.41～6.86(m, 15H)，5.89(s, 1H)，3.72(s, 6H)；^{13}C NMR(151MHz, DMSO)δ 145.75，137.90，129.23，129.09，128.85，127.85，126.84，122.03，120.20，119.31，118.28，110.58，40.03，33.20。

2,2′-二甲基-3,3′-苯亚甲基双吲哚
3,3′-(Phenylmethylene)bis(2-methyl-1H-indole)

m. p. 248～249℃；^{1}H NMR(600MHz, DMSO)δ 10.80(s, 2H)，7.25～6.71(m, 13H)，5.97(s, 1H)，2.11(s, 6H)；^{13}C NMR(151MHz, DMSO)δ 145.22，136.01，133.01，129.67，129.22，128.88，126.73，120.48，119.46，

118.88,113.14,111.28,39.55,12.89。

(3m)

3,3′-苯亚甲基-5,5′-二溴双吲哚
3,3′-(Phenylmethylene)bis(5-bromo-1H-indole)(3m).
m. p. 246~248℃;^{1}H NMR(600MHz,DMSO)δ 11.13(s,2H),7.48~6.93(m,13H),5.91(s,1H);^{13}C NMR(151MHz,DMSO)δ 145.30,136.19,129.32,129.19,127.02,126.20,125.42,124.40,122.15,118.60,114.56,111.86,39.79。

(3n)

5-羟甲基糠醛
5-Hydroxymethylfurfural
^{1}H NMR(400MHz,DMSO)δ 9.58(s,1H),7.52(d,J=3.5Hz,1H),6.64(d,J=3.5Hz,1H),5.62(t,J=5.9Hz,1H),4.54(d,J=5.9Hz,2H);^{13}C NMR(101MHz,DMSO)δ 178.92,163.12,152.71,125.33,110.64,56.90。

3.4 应用评述

本章介绍了通过简易的途径,即利用腈纶纤维与多胺胺化,然后甲磺酸酸化,制备了纤维负载的多胺甲磺酸盐,并将其作为负载型 Brønsted 酸催化剂,分别检验了其在乙醇中 Biginelli 反应、甲苯中 Pechmann 缩合反应、水中吲哚类 Friedel-Crafts 烷基化以及 DMSO 和混合体系中果糖脱水转化反应的催化效果。而且,腈纶纤维负载的多胺甲磺酸盐,作为负载型 Brønsted 酸催化剂,在极性质子溶剂乙醇中、非极性溶剂甲苯中、水中和 DMSO 以及水与有机溶剂的混合体系中,均表现出了较好的适用性;另外,反应后处理简便,催化剂易于回收,且可以多次循环使用和进行有效的体系放大。总体而言,腈纶纤维负载的多胺甲磺酸盐充分考虑了腈纶纤维本身的特点,作为负载 Brønsted 酸催化剂，在替代传统的酸性催化剂上，以及化学化工生产应用方面具有很大的吸引力。

参考文献

[1] M Miyashita, A Yoshikoshi, P A Grieco. Pyridinium p-toluenesulfonate A mild and efficient catalyst for the tetrahydropyranylation of alcohols. J Org Chem, 1977, 42: 3772-3774.

[2] R Wang, M Sun, H Jiang. Solvent-free tetrahydropyranylation of alcohols catalyzed by amine methanesulfonates. Res Chem Intermed, 2011, 37: 61-67.

[3] K Zumbansen, A Döhring, B List. Morpholinium trifluoroacetate-catalyzed Aldol condensation of acetone with both aromatic and aliphatic aldehydes. Adv Synth Catal, 2010, 352: 1135-1138.

[4] P Biginelli, Ueber aldehyduramide des acetessigäthers. Ber Dtsch Chem Ges, 1891, 24: 1317-1319.

[5] C O Kappe. 100 years of the Biginelli dihydropyrimidine synthesis. Tetrahedron, 1993, 49: 6937-6963.

[6] Z-J Quan, Y-X Da, Z Zhang, et al. PS-PEG-SO_3H as an efficient catalyst for 3,4-dihydropyrimidones via Biginelli reaction. Catal Commun, 2009, 10: 1146-1148.

[7] H S Chandak, N P Lad, P P Upare. Recyclable amberlyst-70 as a catalyst for Biginelli reaction: an efficient one-pot green protocol for the synthesis of 3,4-dihydropyrimidin-2(1H)-ones. Catal Lett, 2009, 131: 469-473.

[8] R Gupta, S Paul, R Gupta. Covalently anchored sulfonic acid onto silica as an efficient and recoverable interphase catalyst for the synthesis of 3,4-dihydropyrimidinones/thiones, J Mol Catal. A Chem, 2007, 266: 50-54.

[9] J Mondal, T Senb, A Bhaumik. Fe_3O_4@mesoporous SBA-15: a robust and magnetically recoverable catalyst for one-pot synthesis of 3,4-dihydropyrimidin- 2(1H) -ones via the Biginelli reaction. Dalton Trans, 2012, 41: 6173-6181.

[10] G J Keating, R Okennedy, R D Thornes (Eds.). Coumarins: biology, applications and mod of action. New York: John Wiley & Sons, 1997.

[11] A Russell, J R Frye. 2, 6-Dihydroxyacetophenone. Org Synth, 1941, 21: 22-26.

[12] I Yavari, R Hekmat-shoar. A Zonuzi. A new and efficient route to 4-carboxy- methylcoumarins mediated by vinyltriphenylphosphonium salt. Tetrahedron Lett, 1998, 39: 2391-2392.

[13] F Bigi, L Chesini, R Maggi, et al. Montmorillonite KSF as an inorganic, water stable, and reusable catalyst for the Knoevenagel synthesis of coumarin-3-carboxylic acids. J Org Chem, 1999, 64: 1033-1035.

[14] N Cairns, L M Harwood, D P Astles. Tandem thermal Claisen-Cope rearrangements of coumarate derivatives. Total syntheses of the naturally occurring coumarins: Perkin Trans. suberosin, demethylsuberosin, ostruthin, balsamiferone and gravelliferone. J Chem Soc, 1994, 1: 3101-3107.

[15] B Karimi, D Zareyee. Design of a highly efficient and water-tolerant sulfonic acid nanoreactor based on tunable ordered porous silica for the von Pechmann reaction. Org Lett, 2008, 10: 3989-3992.

[16] M Mokhtary, F Najafizadeh. Polyvinylpolypyrrolidone-bound boron trifluoride (PVPP-BF_3): a mild and efficient catalyst for synthesis of 4-metyl coumarins via the Pechmann reaction. C R Chimie, 2012, 15: 530-532.

[17] M Shiri, M A Zolfigol, H G Kruger, et al. Bis-and trisindolylmethanes (BIMs and TIMs). Chem Rev. 2010, 110: 2250-2293.

[18] M G N Russell, R J Baker, L Barden, et al. N-arylsulfonylindole derivatives as serotonin 5-HT6

receptor ligands. J Med. Chem, 2001, 44: 3881-3895.
[19] B Bao, Q Sun, X Yao, et al. Cytotoxic bisindole alkaloids from a marine sponge spongosorites sp. J Nat Prod, 2005, 68: 711-715.
[20] S Safe, S Papineni, S Chintharlapalli. Cancer chemotherapy with indole-3-carbinol, bis (3′-indolyl) methane and synthetic analogs. Cancer Lett, 2008, 269: 326-338.
[21] S Sobhani, R Jahanshahi. Nano n-propylsulfonated c-Fe_2O_3 (NPS-c-Fe_2O_3) as a magnetically recyclable heterogeneous catalyst for the efficient synthesis of 2-indolyl-1-nitroalkanes and bis (indolyl) methanes. New J Chem, 2013, 37: 1009-1015.
[22] R Tayebee, M M Amini, N Abdollahi, et al. Magnetic inorganic-organic hybrid nanomaterial for the catalyticpreparation of bis (indolyl) - arylmethanes under solvent-free conditions: preparation and characterization of $H_5PW_{10}V_2O_{40}$/pyridino-Fe_3O_4 nanoparticles. Appl Catal A, 2013, 468: 75-87.
[23] H B Zhao, J E Holladay, H Brown, et al. Metal chlorides in ionic liquid solvents convert sugars to 5-hydroxymethylfurfural. Science, 2007, 316: 1597-1600.
[24] M S Holm, S Saravanamurugan, E Taarning. Conversion of sugars to lactic acid derivatives using heterogeneous zeotype catalysts. Science, 2010, 328: 602-605.
[25] B Saha, M M Abu-Omar. Advances in 5-hydroxymethylfurfural production from biomass in biphasic solvents. Green Chem, 2014, 16: 24-38.
[26] A J Crisci, M H Tucker, M-Y Lee, et al, Acid-functionalized SBA-15-type silica catalysts for carbohydrate dehydration. ACS Catal, 2011, 1: 719-728.
[27] R Liu, J Chen, X Huang, et al. Conversion of fructose into 5-hydroxymethylfurfural and alkyl levulinates catalyzed by sulfonic acid-functionalized carbon materials. Green Chem, 2013, 15: 2895-2903.
[28] K B Sidhpuria, A L Daniel-da-Silva, T Trindade, et al. Supported ionic liquid silica nanoparticles (SILnPs) as an efficient and recyclable heterogeneous catalyst for the dehydration of fructose to 5-hydroxymethylfurfural. Green Chem, 2011, 13: 340-349.
[29] X Qi, H Guo, L Li, et al. Acid-catalyzed dehydration of fructose into 5-hydroxymethylfurfural by cellulose-derived amorphous carbon. ChemSusChem, 2012, 5: 2215-2220.

第4章

腈纶纤维负载相转移催化剂

4.1 负载相转移催化剂介绍

相转移催化剂（PTC）的应用是20世纪70年代初发展起来的一种新型有机合成手段，它的诞生克服了非均相有机反应中需要极性非质子溶剂的缺点，而且对有机合成的发展起到了很大推动作用。常见的一些相转移催化剂有鎓盐类（主要包括一些季铵盐、季鏻盐等）、胺类（常采用的有叔胺、多胺等）、冠醚类、非环多醚类等，但这些PTC存在着不稳定、毒性大、污染环境、消耗大、难以回收和分离等缺点。将PTC负载化，是解决PTC诸多不足的有效途径之一。

例如，Wang和Vivekanand使用聚苯乙烯树脂，制备了双季铵盐化的高分子负载PTC（PSBPBTBAC），在烯烃转化为二氯环丙烷的反应中检验了其活性，并研究了其相应的催化机制（图4-1）[1]。实验证明，同样高分子负载PTC，双季铵盐化的催化剂活性要高于单一季铵盐化，而且动力学研究表明，反应的速率与反应过程中碱的用量、催化剂用量、搅拌速度以及反应温度呈正相关关系。除此之外，该负载PTC循环使用4次，催化活性几乎没有下降。

在有机合成中，亲核取代反应是一类重要的且经常使用的形成碳-碳或碳-杂键的方法。但是，由于该反应涉及两类基质，即有机底物（油溶性）和无机底物（水溶性），使得这类反应很难在水相中进行，最常用解决这一问题的方法即采用相转移催化。Kiasat等人[2]报道了磁性硅胶纳米颗粒负载二氯化的1,4-二氮杂二环[2.2.2]辛烷形成的铵盐（$Fe_3O_4@SiO_2$/DABCO，图4-2），用于催化该类反应，催化活性研究表明，该负载型PTC在水中100℃的反应条件下，可高效催化阴离子乙酸根、硫氰酸跟对卤代烃的亲核取代反应（收率

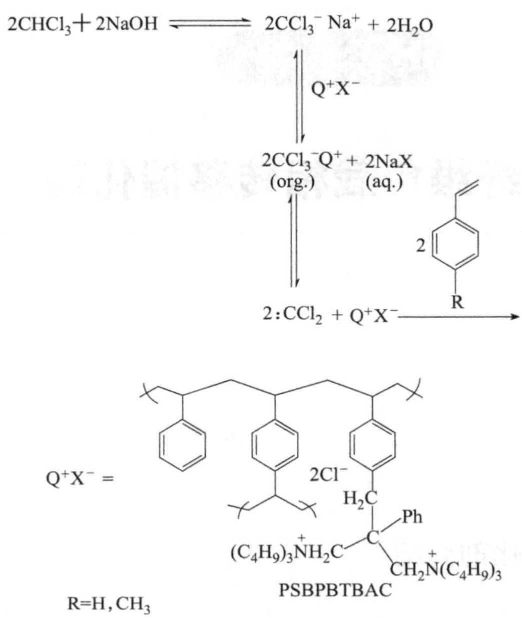

$$2CHCl_3 + 2NaOH \rightleftharpoons 2CCl_3^- Na^+ + 2H_2O$$

$$\Updownarrow Q^+X^-$$

$$2CCl_3^- Q^+ + 2NaX$$
$$(\text{org.}) \quad (\text{aq.})$$

$$2:CCl_2 + Q^+X^-$$

图 4-1 烯烃二氯环丙烷化的催化机制

74%~91%），另外该催化剂可以通过外加磁力进行回收，以溴苄与硫氰酸根的亲核取代为例，催化剂循环使用 4 次，收率从 88% 降至 84%。

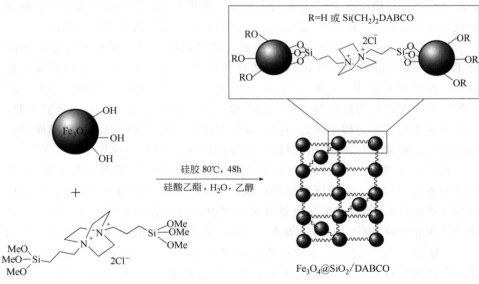

图 4-2 $Fe_3O_4@SiO_2/DABCO$ 的制备

另外，也有许多报道将冠醚、开链聚醚、环糊精、离子液体等相转移催化剂负载到各类载体上的报道[3～10]。

例如，Kiasat等[8]人将苯并-18-冠-6负载到多孔MCM-41上（图4-3），制备了一种有机-无机杂化纳米复合材料，并在环氧化物与KCN的开环反应中显示了良好的催化性能。

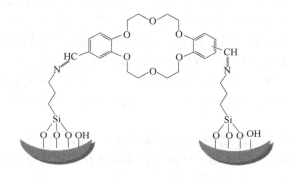

图4-3　MCM-41负载冠醚催化剂

目前，负载PTC研究与应用虽然取得了显著的进展，但是这些负载催化剂及催化体系仍存在一些缺点，如催化剂制备复杂、重复使用能力差、不便于大规模生产应用等。因此，开发更为高效且廉价、实用的负载PTC仍具有较高的研究价值。

4.2　腈纶纤维负载相转移催化剂的制备与表征

4.2.1　制备方法

步骤1：取多乙烯多胺30g，去离子水30g，依次加入三口烧瓶中，搅拌下将混合物预热至回流。称取3.00g干燥的PANF加入混合液中，在104～105℃下，回流22h。取出纤维，抽滤，用60～70℃的去离子水反复洗涤至滤液pH值为7。空气中晾干后，将纤维放入60℃的电热鼓风干燥箱中真空干燥至恒重，得到多胺功能化纤维（$PANF_{PA}$，3.95g，增重为32%）。

步骤2：取上述$PANF_{PA}$ 3.78g，1-溴丁烷10g，乙腈60mL置于三口烧瓶中，搅拌下，83℃保持回流12h。反应结束后，取出纤维用乙腈连续冲洗两次，然后将样品在60℃下真空干燥至恒重，即得到PANF负载的丁基溴化铵（$PANF_{PABuBr}$，5.32g，丁基溴化铵含量2.11mmol/g）。

步骤3：取上述$PANF_{PABuBr}$ 4.10g，充分浸润到100mL质量分数为5%的无水碳酸钠溶液中，室温下搅拌2h。随后，取出纤维并用去离子水反复冲洗，并在60℃下真空干燥至恒重，以获得丁基叔胺功能化纤维（PANF$_{PABu}$，3.40g，叔胺含量2.54mmol/g）。

步骤4：取溴化苄10g，乙腈60mL混合，搅拌下预加热至回流，取上述PANF$_{PABu}$3.20g加入混合液中，83℃下回流反应12h。反应结束后，取出纤维，用乙腈冲洗两次，将样品置于60℃下真空干燥至恒重，得到PANF负载的多级季铵盐（PANF$_{PABuBnBr}$，4.56g，季铵盐含量1.74mmol/g）。

纤维负载相转移催化剂的设计和制备基于以下两方面考量：一方面，腈纶纤维的高分子链中含有大量的氰基，其在有机溶剂和水中都具有良好的浸润行为。相转移催化剂负载后，周围两亲性的氰基将增强反应底物与相转移活性中心的相互作用，从而提高相转移催化性能；另一方面，多级季铵盐作为催化剂植根于纤维，长链上的相转移活性中心，能更好地与亲核试剂接触，进而提高相转移催化活性。

因此，腈纶纤维负载相转移催化剂采用图4-4所示的步骤，来合成纤维负载的多级季铵盐。即采用先将腈纶纤维进行多级胺化，再通过后续成盐的方式来制备纤维负载的多级季铵盐相转移催化剂。第一步，利用多乙烯多胺对腈纶纤维进行多胺功能化，再通过成盐和中和反应得到叔胺功能化纤维，最后一步，通过季铵化反应得到多级季铵盐，根据所用卤代烃种类的不同，最终获得了3种腈纶纤维负载的多级季铵盐相转移催化剂（PANF$_{PABuBuBr}$、PANF$_{PABuBnBr}$、PANF$_{PABnBnBr}$），其季铵盐含量（mmol/g）分别为1.89、1.74、1.64。

4.2.2　表征手段与分析

鉴于PANF$_{PABuBnBr}$较高的催化性能，选择其制备过程和应用过程中的纤维试样进行表征。PANF、PANF$_{PA}$、PANF$_{PABuBr}$、PANF$_{PABu}$、PANF$_{PABuBnBr}$，以及在氯化苄和对甲苯磺酸钠的亲核取代反应中催化1次和15次回收的催化剂PANF$_{PABuBnBr}$-1和PANF$_{PABuBnBr}$-15，分别通过形貌、元素分析、力学性能、红外光谱和扫描电镜等对其进行观察和表征。

各阶段纤维试样的表观形貌见图4-5，PANF原纤维呈亮白色（图4-5，a），不过，经过多乙烯多胺功能化后，PANF$_{PA}$呈浅黄色（图4-5，b）；而与PANF$_{PA}$相比，PANF$_{PABuBr}$、PANF$_{PABu}$和PANF$_{PABuBnBr}$的颜色则随着随后进一步功能化而有所加深（图4-5，c～e）。此外，除颜色稍微加深外，催化应用后的纤维试样PANF$_{PABuBnBr}$-1和PANF$_{PABuBnBr}$-15（图4-5，f, g），与新制备的PANF$_{PABuBnBr}$相比并没有明显变化。而且，从形貌上还可以看出，无论是在制备过程中还是在催化应用阶段，各纤维试样的形态都没有受到明显的破坏，纤维的整体结构均能够很好的保持。

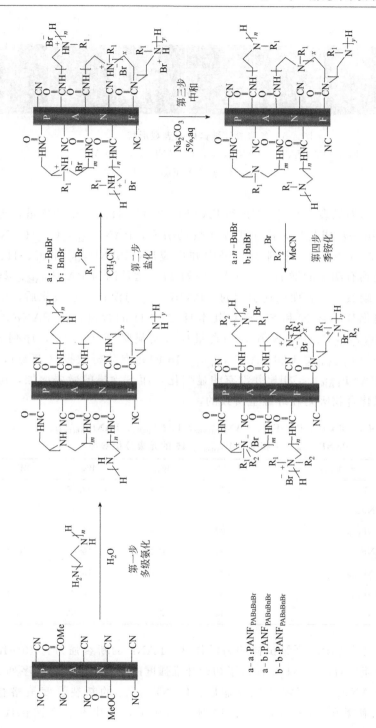

图 4-4 腈纶纤维负载多级季铵盐相转移催化剂的制备

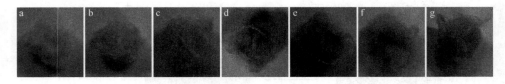

图 4-5　各阶段纤维试样的表观形貌

a—PANF；b—PANF$_{PA}$；c—PANF$_{PABuBr}$；d—PANF$_{PABu}$；e—PANF$_{PABuBnBr}$；

f—PANF$_{PABuBnBr}$-1；g—PANF$_{PABuBnBr}$-15

元素分析结果见表 4-1。PANF 和 PANF$_{PA}$ 的 C、H、N 和 S 含量，与第 3 章相似。而第一步成盐后，由于正溴丁烷的引入，PANF$_{PABuBr}$ C、H、N 和 S 的含量均降低（表 4-1，序列 3）。经中和反应后，PANF$_{PABu}$ 的 C、H、N 和 S 的含量确均有明显的增加（表 4-1，序列 4），这是因为 PANF$_{PABuBr}$ 纤维上的溴化氢被碳酸钠中和而消耗引起的。PANF$_{PABu}$ 与溴化苄季铵化后，由于反应上去的溴化苄不含 N 和 S，而且其本身 C 和 H 的含量低于 PANF$_{PABu}$，因此，PANF$_{PABuBnBr}$ C、H、N 和 S 的含量再次明显降低（表 4-1，序列 5）。尽管如此，PANF$_{PABuBnBr}$-1 和 PANF$_{PABuBnBr}$-15 的元素分析数据（表 4-1，序列 6，7）与 PANF$_{PABuBnBr}$ 相比并没有明显变化，而 S 含量的微弱增加，可能是由于取代砜化合物吸附在纤维上所致的。

表 4-1　PANF、PANF$_{PA}$、PANF$_{PABuBr}$、PANF$_{PABu}$、PANF$_{PABuBnBr}$、PANF$_{PABuBnBr}$-1 和 PANF$_{PABuBnBr}$-15 的元素分析数据

序列	纤维试样	$W_C/\%$	$W_H/\%$	$W_N/\%$	$W_S/\%$
1	PANF	67.53	5.86	23.65	0.24
2	PANF$_{PA}$	56.21	6.72	20.29	0.15
3	PANF$_{PABuBr}$	50.07	6.66	15.64	0.11
4	PANF$_{PABu}$	60.24	7.57	19.08	0.14
5	PANF$_{PABuBnBr}$	57.09	6.59	13.73	0.09
6	PANF$_{PABuBnBr}$-1	57.36	6.31	13.83	0.16
7	PANF$_{PABuBnBr}$-15	57.44	5.99	13.95	0.47

表 4-2 列出了各阶段纤维试样的力学强度。PANF 的断裂强力为 10.61cN，而经过多胺功能化后，PANF$_{PA}$ 保持了初始纤维强度的 79%（表 4-2，序列 2），即 8.38cN。PANF$_{PA}$ 与正溴丁烷成盐后，PANF$_{PABuBr}$ 的断裂强度虽略有降低，仍保留了初始的 77%（表 4-2，序列 3）。随后，经中和、季铵化反应，

$PANF_{PABu}$ 和 $PANF_{PABuBnBr}$ 的断裂强度以此降低，不过仍能保留原纤维断裂强度的 75% 以上。催化应用后，$PANF_{PABuBnBr}$-1 与新制备的 $PANF_{PABuBnBr}$ 相比断裂强度几乎没有变化（表 4-2，序列 6）。经过 15 次催化循环后，$PANF_{PABuBnBr}$-15 的断裂强度与 $PANF_{PABuBnBr}$ 相比，只降低了 0.11cN，仍能保留了原纤维力学性能的 74%（表 4-2，序列 7）。

表 4-2 PANF、$PANF_{PA}$、$PANF_{PABuBr}$、$PANF_{PABu}$、$PANF_{PABuBnBr}$、$PANF_{PABuBnBr}$-1 和 $PANF_{PABuBnBr}$-15 的力学强度

序列	纤维试样	断裂强力/cN	保留率[①]/%
1	PANF	10.61	100
2	$PANF_{PA}$	8.38	79
3	$PANF_{PABuBr}$	8.19	77
4	$PANF_{PABu}$	8.15	77
5	$PANF_{PABuBnBr}$	7.97	75
6	$PANF_{PABuBnBr}$-1	7.95	75
7	$PANF_{PABuBnBr}$-15	7.86	74

① 基于原纤维 PANF。

各阶段纤维试样的红外光谱如图 4-6 所示，PANF 和 $PANF_{PA}$ 的红外光谱与

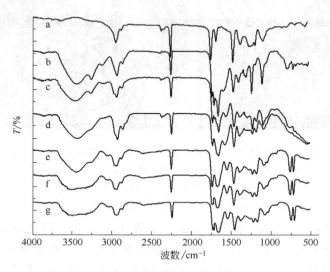

图 4-6 不同阶段纤维试样的红外光谱图

a—PANF；b—$PANF_{PA}$；c—$PANF_{PABuBr}$；d—$PANF_{PABu}$；e—$PANF_{PABuBnBr}$；
f—$PANF_{PABuBnBr}$-1；g—$PANF_{PABuBnBr}$-15

第3章相同。第一步成盐后，由于引入的丁基末端甲基的存在，$PANF_{PABuBr}$ 在 $2890cm^{-1}$ 附近出现了一个微弱的吸收峰；中和后，$PANF_{PABu}$ 与 $PANF_{PABuBr}$ 相比，特征吸收峰无明显变化。经季铵化在纤维上引入苄基后，$PANF_{PABuBnBr}$ 在 $745cm^{-1}$ 和 $702cm^{-1}$ 左右出现了两个新的吸收峰，对应苄基上的苯环的骨架振动吸收（图4-6，e）。此外，循环后的 $PANF_{PABuBnBr}$-1 和 $PANF_{PABuBnBr}$-15 与新制备的 $PANF_{PABuBnBr}$ 相比，其红外光谱特征吸收峰几乎无变化，显示了纤维负载相转移催化剂在亲核取代反应的催化应用中具有较好的稳定性。

通过对各阶段纤维试样的扫描电镜图片（图4-7）可以看出，纤维试样随着逐步的功能化及循环催化应用，其表面的瘢痕逐渐加深，不过纤维的整体结构和形貌并没有被破坏掉。

图4-7 纤维试样的扫描电镜图片（标尺分别为 $5\mu m$ 和 $200\mu m$）
a—PANF；b—$PANF_{PA}$；c—$PANF_{PABuBr}$；d—$PANF_{PABu}$；
e—$PANF_{PABuBnBr}$；f—$PANF_{PABuBnBr}$-1；g—$PANF_{PABuBnBr}$-15

另外，热重法（TG）分析结果显示，在165℃之前纤维负载多级季铵盐没有发生明显的重量损失（图4-8），这表明腈纶纤维负载季铵盐相转移催化剂具有足够的热稳定性，为其在一些较高温度下的相转移催化应用提供了可能。

第 4 章　腈纶纤维负载相转移催化剂

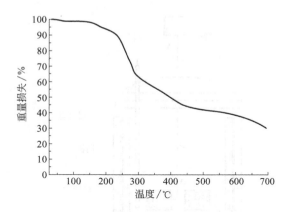

图 4-8　纤维负载相转移催化剂 $PANF_{PABuBnBr}$ 的热重分析

4.3　腈纶纤维负载相转移催化剂在亲核取代反应中的应用

4.3.1　催化亲核取代反应的一般步骤

取有机卤化物（5mmol）、亲核试剂（6.5mmol）、水（15mL），依次加入叶轮上缠绕 $PANF_{PABuBnBr}$ 的简易转框式反应器中（以卤化物为基准，2mol%的季铵盐含量），转速设为 700r/min，60℃下反应一定时间。反应毕，将反应混合物冷却至室温并排出。先用乙酸乙酯（15mL）冲洗反应器，随后用水（15mL）再次洗涤，将两种洗涤液合并到反应液中。分出有机层，用乙酸乙酯（5mL）连续萃取三次，合并有机相并用饱和盐水洗涤，然后用无水硫酸钠干燥。最后，通过浓缩有机相得到粗产品，用硅胶柱色谱（石油醚/乙酸乙酯）对产物进行纯化。

4.3.2　反应条件优化

一般来说，纤维比树脂具有更大的比表面积，可以负载更多的活性基团，这将大大提高催化活性。此外，由于纤维强度较高，在搅拌过程中不易断裂破碎，为其在各种类型催化反应器中的应用提供了可能。鉴于此，腈纶纤维负载相转移催化剂被缠绕在简易转框式反应器的搅拌叶轮上（图 4-9），进而系统深入考察其应用性能。

腈纶纤维负载多级季铵盐在简易转框式反应器中，考察其对水相中亲核取

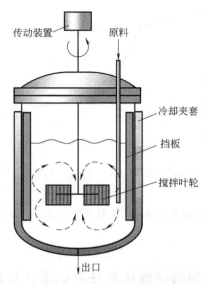

图 4-9 简易转框式反应器示意

代反应的相转移催化性能。以氯化苄和硫氰酸钾合成硫氰酸苄酯的亲核取代反应为模型反应,对反应条件进行优化(表 4-3)。起初,设定硫氰酸钾用量为氯化苄的 1.5 倍,反应温度为 80℃,结果显示,空白对照不使用催化剂或以原纤维为催化剂,反应 4h,亲核取代产物收率仅为 42% 和 44% 的收率;而使用三种腈纶纤维负载相转移催化剂时,反应在 1h 内即可完成,收率均在 95% 以上。对三种纤维负载相转移催化剂进行比较,可以发现纤维上同时具有丁基和苄基纤维负载的多级季铵盐催化体系,比其它另外两种纤维负载相转移催化剂的效率略高,模型亲核取代反应仅 0.5h 就可获得 97% 的高收率。随后,选取 $PANF_{PABuBnBr}$ 作为亲核取代反应的催化剂进一步优化条件。

表 4-3 纤维催化剂在亲核取代中反应条件的优化[①]

序列	催化剂	催化剂用量[②]/mol%	KSCN/倍	温度/℃	时间/h	收率[③]/%
1	—	—	1.5	80	4.0	42
2	PANF	—	1.5	80	4.0	44
3	$PANF_{PABuBnBr}$	5	1.5	80	0.75	95
4	$PANF_{PABuBnBr}$	5	1.5	80	0.5	97

续表

序列	催化剂	催化剂用量[②]/mol%	KSCN/倍	温度/℃	时间/h	收率[③]/%
5	PANF$_{PABnBnBr}$	5	1.5	80	0.5	95
6	PANF$_{PABuBnBr}$	3	1.5	80	0.5	96
7	PANF$_{PABuBnBr}$	2	1.5	80	0.5	96
8	PANF$_{PABuBnBr}$	1	1.5	80	0.5	89
9	PANF$_{PABuBnBr}$	2	2.0	80	0.5	97
10	PANF$_{PABuBnBr}$	2	1.3	80	0.5	96
11	PANF$_{PABuBnBr}$	2	1.2	80	0.5	88
12	PANF$_{PABuBnBr}$	2	1.3	100	0.25	96
13	PANF$_{PABuBnBr}$	2	1.3	60	0.5	95
14	PANF$_{PABuBnBr}$	2	1.3	40	1.0	81
15	TBAB[④]	2	1.3	60	1.0	83

①反应条件：氯化苄（5.0mmol）、KSCN（用量基于氯化苄）、水（15mL），在相应温度下搅拌特定的时间。②基于季铵盐的含量。③分离收率。④四丁基溴化铵。

通过对催化剂用量和亲核试剂用量的考察，结果表明，当催化剂用量为 2mol% 时，硫氰酸钾用量为氯化苄的 1.3 倍时，亲核取代反应仍能保持其活性，0.5h 产物收率可达 96%；而继续减少催化剂或硫氰酸钾的用量则对反应不利。在此基础上，对反应温度进行筛选，实验结果显示，当温度升高至 100℃时，反应在 0.25h 内即可完成；当反应温度降至 60℃时，产物收率仍可达到 95%，但进一步降低反应温度至 40℃时，即使将反应时间延长至 1h，产物收率仅为 81%。此外，作为对照，采用传统相转移催化剂四丁基溴化铵（TBAB）催化该模型反应，延长反应时间至 1h，产物收率仅为 83%。

4.3.3 反应底物扩展

在简易转框式反应器中最佳反应条件下，即 PANF$_{PABuBnBr}$ 催化剂的用量为 2mol%，反应温度 60℃，1.3 倍的硫氰酸钾用量，对不同底物的亲核取代反应进行了扩展（表 4-4）。选择不同的有机卤化物，与四种典型的亲核试剂包括硫氰酸钾、叠氮钠、乙酸钠和对甲苯亚磺酸钠（p-TolSO$_2$Na）等，水相中进行亲核取代反应。结果表明，腈纶纤维负载多级季铵盐相转移催化剂，无论是对氯代烃还是溴代烃（包括芳香族卤化物和脂肪族卤化物），均能高效催化其与亲核试剂的取代反应，产物收率在 91%～98%。此外，芳香卤化物的种类和芳环上的电子效应对亲核取代反应没有明显的影响，不过脂肪族卤化物的反应活性比芳香族卤化物要低，相应的脂肪族卤化物需要较长的反应时间才能获得满意的收率。通过实验结果还可以发现，亲核试剂的反应活性从高到低依次为对甲苯亚磺酸钠、硫氰酸钾、叠氮化钠和乙酸钠。

表 4-4 纤维负载相转移催化剂在各类亲核取代中的应用[①]

$$R-X + M^+Nu^- \xrightarrow[H_2O]{PANF_{PABuBnBr}} R-Nu$$
$$1 \quad\quad 2 \quad\quad\quad\quad\quad\quad 3a-l$$
$$X=Br, Cl; M=K, Na; Nu=SCN,$$
$$N_3, OAc; SO_2Tol$$

序列	底物	M^+Nu^-	时间/h	产物	收率[②]/%
1	$C_6H_5CH_2Cl$	KSCN	0.5	3a	95
2	$4\text{-}O_2NC_6H_4CH_2Cl$	KSCN	0.5	3b	96
3	$C_6H_5CH_2Br$	KSCN	0.5	3a	97
4	$n\text{-}C_8H_{17}Br$	KSCN	2.0	3c	93
5	$C_6H_5CH_2Cl$	NaN_3	1.0	3d	94
6	$4\text{-}O_2NC_6H_4CH_2Cl$	NaN_3	1.0	3e	96
7	$C_6H_5CH_2Br$	NaN_3	1.0	3d	96
8	$n\text{-}C_8H_{17}Br$	NaN_3	2.0	3f	91
9	$C_6H_5CH_2Cl$	NaOAc	1.5	3g	95
10	$4\text{-}O_2NC_6H_4CH_2Cl$	NaOAc	1.5	3h	95
11	$C_6H_5CH_2Br$	NaOAc	1.5	3g	97
12	$n\text{-}C_8H_{17}Br$	NaOAc	3.0	3i	94
13	$C_6H_5CH_2Cl$	$p\text{-}TolSO_2Na$	0.25	3j	97
14	$4\text{-}O_2NC_6H_4CH_2Cl$	$p\text{-}TolSO_2Na$	0.25	3k	98
15	$C_6H_5CH_2Br$	$p\text{-}TolSO_2Na$	0.25	3j	97
16	$n\text{-}C_8H_{17}Br$	$p\text{-}TolSO_2Na$	1.0	3l	94

①反应条件为：卤化物（5mmol）、亲核试剂（6.5mmol）、$PANF_{PABuBnBr}$（2mol%），60℃下水中反应特定时间。②分离收率。

4.3.4 催化循环与体系放大

在简易转框式反应器中，以氯化苄和对甲苯亚磺酸钠的亲核取代反应为例，考察腈纶纤维负载相转移催化剂 $PANF_{PABuBnBr}$，在转框式反应器中克级规模下的催化应用和循环性能。纤维负载催化剂缠绕在转框式反应器的搅拌桨上，反应结束后，反应液通过排料口放出，用水简单地清洗反应容器和催化剂，催化剂不经其它处理，直接进行下一循环。结果表明，各组亲核取代反应均能顺利进行，产物收率基本没有明显下降（图 4-10，仅从 97% 下降到 96%），循环使用 15 次后催化剂的重量变化也不大（从 0.579g 下降到 0.575g）。此外，腈纶纤维负载相转移催化剂放置在架子上不经其它特殊保护，放置三个月，纤维负载多级季铵盐的相转移催化活性几乎没有降低。

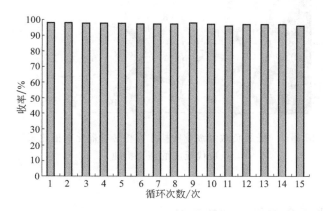

图 4-10　纤维负载相转移催化剂在亲核取代反应中的循环利用性能

4.3.5　相转移催化机制

腈纶纤维负载多级季铵盐催化亲核取代的相转移催化机理解释如图 4-11 所示。根据相关研究基础[11,12]，腈纶纤维的功能化过程是在其表层进行的，即所负载的活性组分（多级季铵盐）位于纤维的内部，活性组分与聚合物链段空腔相互作用形成一个非常独特的"活性区域"，相转移过程在此区域进行。一方面，腈纶纤维聚合物链上的大量的氰基和甲氧羰基（来自第二单体丙烯酸甲酯），对有机试剂具有良好的浸润性能，使得有机卤化物在活性区域及其界面上富集；另一方面，带有相转移活性中心的多级季铵盐长链，可随溶剂一起摆动，与分散在水中的无机盐亲核试剂充分接触接触，通过离子交换将负离子亲核剂带入到纤维内部的活性区域，进而完成亲核取代反应。

此外，"热过滤试验"证实了纤维负载相转移催化是在异相间进行的。正常反应 15min 后，从反应器中将纤维负载多级季铵盐取出，剩余反应液继续进行反应。结果表明，反应不能顺利完成，产物收率仅为 59%。

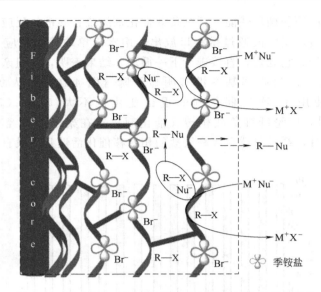

图 4-11　纤维负载多级季铵盐作为相转移催化剂催化亲核取代反应的催化机理

4.3.6　催化所合成化合物的表征

(3a)

硫氰酸苄酯
Benzyl thiocyanate
^{1}H NMR(400MHz，CDCl$_3$)δ 7.28(m，5H)，4.05(s，2H)。

(3b)

4-硝基硫氰酸苄酯
4-Nitrobenzyl thiocyanate
^{1}H NMR(400MHz，CDCl$_3$)δ 8.31～8.27(d，$J=8.40$Hz，2H)，7.59～7.56(d，$J=8.40$Hz，2H)，4.21(s，2H)。

n—C$_8$H$_{17}$SCN (3c)

硫氰酸辛酯
1-Thiocyanatooctane
^{1}H NMR(400MHz, CDCl$_3$)δ2.99～2.93(t, 2H), 1.87～1.77(m, 2H), 1.45～1.27(m, 10H), 0.89～0.87(t, 3H)。

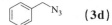 (3d)

苄基叠氮
Benzyl azide
^{1}H NMR(400MHz, CDCl$_3$)δ 7.28～7.19(m, 5H), 4.21(s, 2H)。

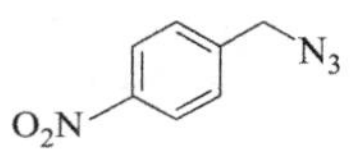

(3e)

4-硝基苄基叠氮
4-Nitrobenzyl azide
^{1}H NMR(400MHz, CDCl$_3$)δ 8.28～8.25(d, J=8.37Hz, 2H), 7.54～7.51(d, J=8.28Hz, 2H)。

n—C$_8$H$_{17}$N$_3$ (3f)

正辛基叠氮
1-Azidooctane
^{1}H NMR(400MHz, CDCl$_3$)δ 3.56～3.47(t, 2H), 1.85～1.77(m, 2H), 1.45～1.26(m, 12H), 0.88～0.86(t, 3H)。

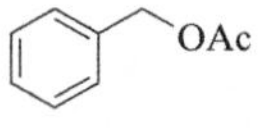

(3g)

乙酸苄酯
Benzyl acetate
^{1}H NMR(400MHz, CDCl$_3$)δ 7.36～7.25(m, 5H), 5.11(s, 2H), 2.12(s, 3H)。

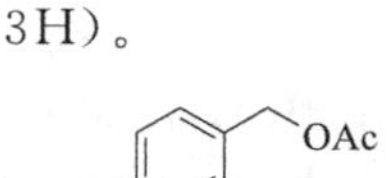

(3h)

4-硝基乙酸苄酯
4-Nitrobenzyl acetate
^{1}H NMR(400MHz, CDCl$_3$)δ 8.25～8.23(d, J=8.8Hz, 2H), 7.56～

7.52(d, $J=8.8$Hz, 2H), 5.19(s, 2H), 2.15(s, 3H)。

$n\text{—}C_8H_{17}OAc$ **(3i)**

乙酸正辛酯
Octyl acetate
^{1}H NMR(400MHz, CDCl$_3$)δ 4.07(t, 2H), 2.06(s, 3H), 1.68~1.60(q, $J=6.8$Hz, 2H), 1.31-1.24(m, 10H), 0.90~0.86(t, 3H)。

(3j)

4-甲基-1-苄磺酰基苯
1-(Benzylsulfonyl)-4-methylbenzene
^{1}H NMR(400MHz, DMSO)δ 7.63~7.61(d, $J=8.0$Hz, 2H), 7.42~7.32(m, 5H), 7.19~7.18(d, $J=6.4$Hz, 2H), 4.66(s, 5H), 2.42(s, 3H)。

(3k)

4-(4-甲苯基磺酰甲基)-1-硝基苯
1-Nitro-4-(4-tolylsulfonylmethyl)benzene
^{1}H NMR(400MHz, DMSO)δ 8.22~8.20(d, $J=8.5$ Hz, 2H), 7.66~7.66(d, $J=8.0$Hz, 2H), 7.49~7.44(m, 4H), 4.92(s, 2H), 2.43(s, 3H)。

(3l)

1-甲基-4-(1-辛磺酰基)苯
1-Methyl-4-(1-octylsulfonyl)benzene
^{1}H NMR(400MHz, DMSO)δ 7.78~7.76(d, $J=8.4$Hz, 2H), 7.36~7.34(D, $J=7.8$Hz, 2H), 3.05~3.03(t, $J=7.8$Hz, 2H), 2.45(s, 3H), 1.69~1.67(m, 2H), 1.33~1.22(m, 10H), 0.87~0.84(t, $J=7.2$Hz, 3H)。

4.4 应用评述

本章介绍的腈纶纤维负载多级季铵盐作为相转移催化剂，充分考虑了纤维载体和催化剂结构的特点，具有相转移催化活性高、后处理工艺简便、便于循环使用的优点优势，为工业相转移催化应用提供了一种新途径。但工业应用过程中仍需进一步考虑相转移反应的类型，才能获得更好的应用效果。

参考文献

[1] P A Vivekanand, M-L Wang. An efficient recyclable polymer-supported bisquaternary onium phase-transfer catalyst for the synthesis of dihalocyclopropyl derivatives at low alkaline concentration-comparative kinetic aspects. Catal Commun, 2012, 22: 6-12.

[2] J Davarpanah, A R Kiasat, Nanomagnetic double-charged diazoniabicyclo [2.2.2] octane dichloride silica as a novel nanomagnetic phase-transfer catalyst for the aqueous synthesis of benzyl acetates and thiocyanates. Catal Commun, 2013, 42: 98-103.

[3] F Montanari, P Tundo. Polymer-supported phase-transfer catalysts: Crown ethers and cryptands bonded by a long alkyl chain to a polystyrene matrix. J Org Chem, 1981, 46: 2125-2130.

[4] D W Kim, D Y Chi. Polymer-supported ionic liquids: imidazolium salts as catalysts for nucleophilic substitution reactions including eluorinations, Angew. Chem Int Ed, 2004, 43: 483-485.

[5] B Gao, R Zhuang, J Guo. Preparation of polymer-supported polyethylene glycol and phase-transfer catalytic activity in benzoate synthesis, AIChE J, 2010, 56: 729-736.

[6] J Miguélez, H Miyamura, S Kobayashi. A polystyrene-supported phase-transfer catalyst for asymmetric michael addition of glycine-derived imines to α,β-unsaturated ketones. Adv Synth Catal, 2017, 359: 2897-2900.

[7] D Feng, J Xu, J Wan, et al. Facile one-pot fabrication of a silica gelsupported chiral phase-transfer catalyst——N-(2-cyanobenzyl)-O(9)-allyl- cinchonidinium salt. Catal Sci Technol, 2015, 5: 2141-2148.

[8] S Yousefi, A R Kiasat. MCM-41 bound dibenzo-18-crown-6 ether: a recoverable phase-transfer nano catalyst for smooth and regioselective conversion of oxiranes to β-azidohydrins and β-cyanohydrins in water. RSC Adv, 2015, 5: 92387-92393.

[9] A R Kiasat, S Nazari, Magnetic nanoparticles grafted with β-cyclodextrin- polyurethane polymer as a novel nanomagnetic polymer brush catalyst for nucleophilic substitution reactions of benzyl halides in water. J Mol Catal A: Chem, 2012, 365: 80-86.

[10] K Li, Y Wang, Y Xu, et al, Z Jin. Thermoregulated phase-transfer rhodium nanoparticle catalyst for hydroaminomethylation of olefins. Catal Commun, 2013, 34: 73-77.

[11] P Hodge. Polymer-supported organic reactions: what takes place in the beads. Chem Soc Rev, 1997, 26: 417-424.

[12] A Kaftan, A Schönweiz, I Nikiforidis. Supported homogeneous catalyst makes its own liquid phase. J Catal, 2015, 321: 32-38.

第5章

腈纶纤维负载离子液体型催化剂

5.1 负载离子液体催化剂介绍

离子液体作为传统溶剂的替代品，具有许多无可比拟的物理化学性质，如几乎不挥发，不易燃，无色，无臭，稳定性好，毒性小，对许多化合物（尤其是有机金属化合物）有良好的溶解性，并且其性质可在很宽的范围内通过选择不同的阴、阳离子来调节，以满足不同反应和过程的需要，鉴于以上诸多优点其在有机合成中的应用也日益广泛[1,2]。由于现今常用的离子液体成本较高，在一些反应中产物的分离和催化剂的回收较为烦琐，因此，将离子液体固载化，把离子液体和载体材料的优点结合在一起，一方面保持或提高离子液体优良的特性，另一方面也大大缩减了离子液体的用量，将其用于反应与催化时，更有利于产物及原料的分离和催化剂的循环使用。固载离子液体的研究，很大程度上扩展了离子液体的应用范围，而且用作多相催化体系，一般表现出更高的催化活性和选择性，其在催化有机合成反应中有着良好的应用前景[3,4]。

通常通过两种方式来制备固载离子液体，即共价键连接法及物理吸附法，其中共价键连接是一种相对牢固的固载方式。传统的固载材料有二氧化硅、树脂等及一些纳米颗粒和金属配合物（图5-1），其中以二氧化硅和树脂应用的居多。

Coutinho小组把酸性咪唑鎓盐离子液体固载到二氧化硅纳米颗粒上，来催化果糖脱水转化为5-羟甲基糠醛（图5-2），实验结果表明在较短的反应时间内（0.5h），果糖的转化率高达99%，5-羟甲基糠醛的收率也达到了63%[5]。

另外，Rita Skoda-Földes等人也将酸性咪唑鎓盐离子液体固载于硅胶（SILP，图5-3），用于异丁烯的低聚反应也取得了不错的效果[6]。

第5章 腈纶纤维负载离子液体型催化剂

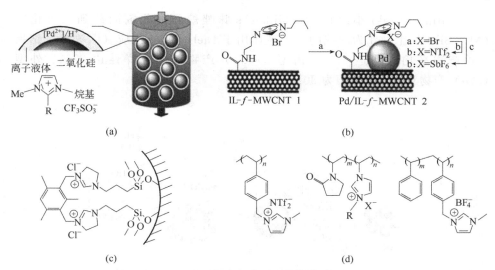

图 5-1 一些固载离子液体示意

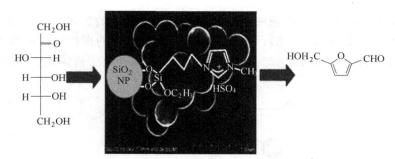

图 5-2 二氧化硅固载酸性咪唑鎓盐离子液体催化果糖脱水转化

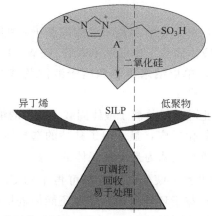

图 5-3 硅胶固载酸性咪唑鎓盐离子液体催化异丁烯的低聚反应

103

Toshio Suzuki 小组将 MacMillan's 咪唑烷酮催化剂固载到二氧化硅（Mac-SILC）上，作为固载的离子液体用于 Diels-Alder 反应（图 5-4），结果表明产物平均收率达 81%，内型（*endo*）产物对映选择性达 87%、外型（*exo*）产物对映选择性值为 80%[7]。

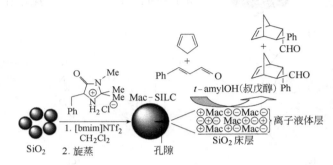

图 5-4　硅胶固载咪唑烷酮离子液体催化 Diels-Alder 反应

Dae Yoon Chi 课题组把咪唑鎓盐固载于氯甲基化的聚苯乙烯树脂，用于亲核取代反应研究（图 5-5），结果表明包括氟代在内的卤代反应都取得了较好的效果，部分收率高达 98%，显示出了比使用简单离子液体更高的活性[8]。

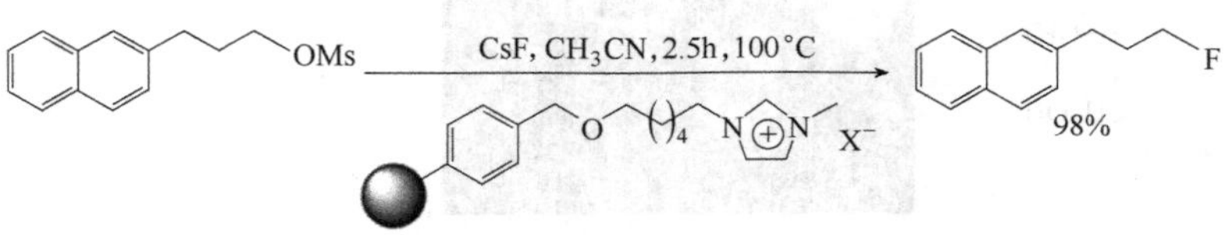

图 5-5　聚苯乙烯树脂固载咪唑鎓盐离子液体催化亲核取代反应

除二氧化硅和树脂以外，也有将离子液体固载于一些其它材料的报道。例如，Niu 课题组将离子液体固载于单层纳米碳管（SWNT）上形成了多功能材料（图 5-6），实验表明，单层纳米碳管和离子液体及其对应阴离子的性质都被成功的结合在该材料上[9]。

Howard Alper 小组把咪唑鎓盐离子液体固载于磁性的纳米颗粒上（图 5-7），并将其用于炔烃的催化氢化反应，显示出了独特的选择性效果[10]。

二氧化碳（CO_2）通常被认为是温室气体的主要组成部分，不过其在有机合成中也是一种潜在的丰富、廉价、无毒和可再生的 C_1 原料[11,12]。将 CO_2 转化为有用化学品不仅有益于环境保护，而且还能促进精细化学品生产及加工的可持续性。因此，在过去的十几年里，人们一直致力于研究 CO_2 的化学固定。

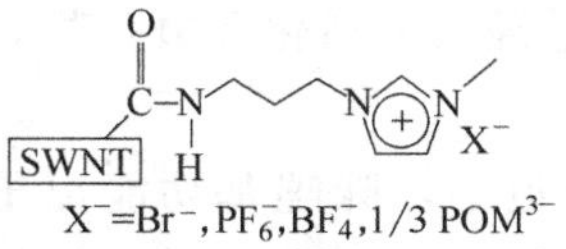

图 5-6　单层纳米碳管固载咪唑鎓盐离子液体

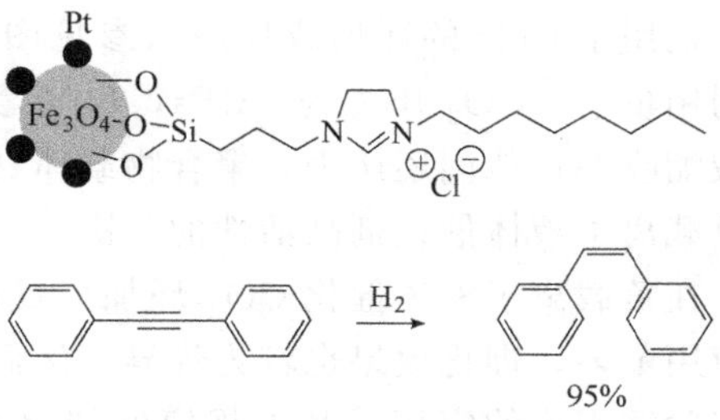

图 5-7　磁性纳米颗粒固载咪唑鎓盐离子液体催化炔烃加氢反应

其中，CO_2 与环氧化合物通过环加成反应，可高效合成有机碳酸酯，其不但是良好的非质子极性溶剂，还是精细化学品和聚碳酸酯的前体[13,14]。目前，对 CO_2 环加成催化体系已有大量的研究，负载型离子液体在该领域的催化应用，也取得良好的效果。

例如，Park 等人[15]将包含有羧酸基团的离子液体负载到二氧化硅上（图 5-8），用于催化 CO_2 与环氧化物的环加成反应，结果显示，不但取得了较高的环碳酸酯收率，而且催化剂循环使用 5 次，催化活性没有明显降低。

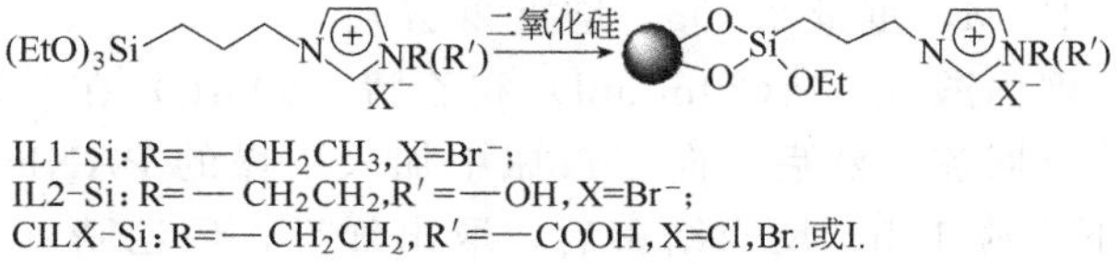

IL1-Si: R=—CH_2CH_3, X=Br^-;
IL2-Si: R=—CH_2CH_2, R'=—OH, X=Br^-;
CILX-Si: R=—CH_2CH_2, R'=—COOH, X=Cl, Br, 或 I.

图 5-8　二氧化硅负载羧酸基团离子液体制备示意

韩布兴课题组将与二乙烯基苯高度交联的乙烯基咪唑鎓盐离子液体用于 CO_2 的环加成反应（图 5-9），研究结果表明，该固载的离子液体催化活性和重复使用性能均取得了不错的效果[16]。

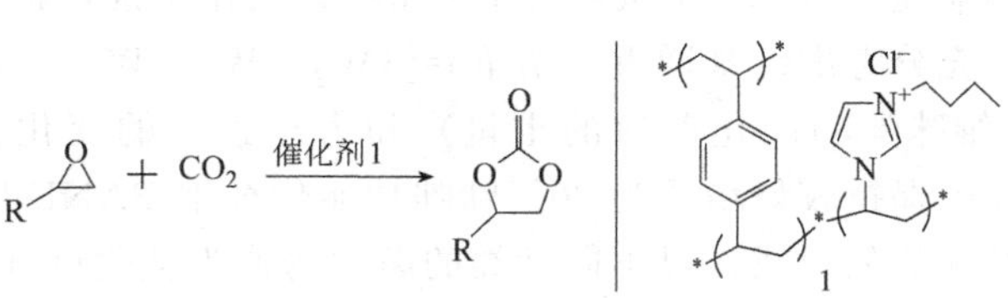

图 5-9　高度交联聚合物固载离子液体催化 CO_2 环加成反应

此外，Wu 等人[17]将咪唑基功能离子液体负载到有序介孔聚合物 FDU 上，也用于 CO_2 的环加成反应（参见图 1-16）。研究表明，在 0.5mol％的催化剂用量下，CO_2 压力为 1MPa，110℃无溶剂反应 3h，能获得接近定量的环碳酸酯收率；他们还认为，聚合物载体材料上的大量羟基来活化环氧化物，是该负载离子液体催化剂高活性的关键。

在负载离子液体催化 CO_2 环加成反应的诸多报道中，咪唑基功能离子液体应用最多，催化效果也较为优异，然而大多数负载离子液体催化体系只探究了实验室规模的应用，其大规模的催化性能一般没有涉及。另外，鉴于 CO_2 资源化利用作为近年来的研究热点，本章接下来深入介绍腈纶纤维负载离子液体用于简易转框式反应器中，克级规模催化 CO_2 环加成反应的性能。

5.2 腈纶纤维负载离子液体型催化剂的制备与表征

5.2.1 制备方法

第一步，N-(3-氨基丙基)咪唑 20g 和水 30g 于三口烧瓶中，搅拌并预热至回流。然后将干燥的腈纶纤维 2.00g 加入上述反应液中，105℃下，搅拌回流反应 12h。反应结束后，取出纤维试样，用 60～70℃水反复冲洗，直至滤液呈中性，空气中晾干后，放置在 60℃的真空干燥箱中干燥至恒重，得咪唑功能化纤维（PANF-IM，重量 2.40g，增重 20％）。

第二步，取溴丙酸 3.06g(20mmol) 和乙腈（50mL）在三口瓶中混合均匀，搅拌下预热至回流。然后，向三口瓶中加入干燥的 PANF-IM（2.00g），83℃回流搅拌下反应 12h。反应结束后，取出纤维，用乙腈（3×15mL）连续洗涤三次，空气中晾干后，放置在 60℃真空干燥箱中干燥至恒重，得腈纶纤维负载 3-羧乙基咪唑溴化铵（PANF-CEIMBr，2.82g，离子液体含量为 1.90mmol/g）。

腈纶负载其它类型咪唑基离子液体催化剂的制备方法同上。

腈纶纤维负载离子液体通过两步制得，方法如图 5-10 所示。第一步为腈纶纤维咪唑的功能化，以 N-(3-氨基丙基)-咪唑为胺化试剂，将咪唑基团引入到腈纶纤维上，充分考虑纤维增重（增重＝$[(W_2-W_1)/W_1]×100\%$，W_1 和 W_2 分别代表纤维咪唑功能化前后的重量）和力学强度的变化，优化反应条件，获得力学强度保持较好增重为 20％咪唑功能化纤维 PANF-IM。第二步是纤维负载咪唑基鎓盐的形成，以不同种类的卤化物作为盐化试剂，合成了 5 种腈纶纤维负载的咪唑基离子液体。由于纤维负载 3-羧乙基咪唑溴化铵鎓盐（PANF-CEIMBr，图 5-11，D）催化 CO_2 环加成反应活性优于其它 4 种，通过重量变化计算，纤维上 3-羧乙基咪唑溴化铵离子液体的负载量为 1.90mmol/g。

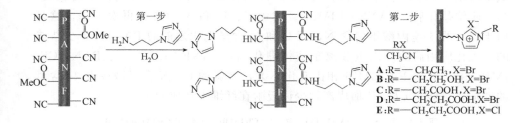

图 5-10　腈纶纤维负载咪唑基离子液体催化剂的合成

5.2.2　表征手段与分析

分别通过表观形貌、元素分析、力学性能、红外光谱和扫描电镜等测试手段，对不同阶段的纤维试样包括原纤维 PANF、PANF-IM、PANF-CEIMBr，以及在 CO_2 与环氧丙烷环加成反应中，循环一次回收的纤维负离子液体型催化剂 PANF-CEIMBr-1 和经 21 次循环后回收的 PANF-CEIMBr-21，进行了详细观察和表征。

如图 5-11 所示，PANF 原纤维呈亮白色，经 N-(3-氨基丙基)-咪唑功能化后，PANF-IM 变成浅黄色，这是由胺化反应的影响而造成的；随后，咪唑鎓盐化反应导致 PANF-CEIMBr 的颜色呈棕黄色。作为对照，PANF-CEIMBr-1 与新制备的 PANF-CEIMBr 相比没有明显变化，而 PANF-CEIMBr-21 的颜色则稍微加深。可以看出，各阶段纤维试样除了外观颜色改变之外，纤维的形态并没有特别明显的变化。

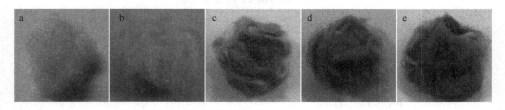

图 5-11　纤维试样的表观形貌
a—PANF；b—PANF-IM；c—PANF-CEIMBr；d—PANF-CEIMBr-1；e—PANF-CEIMBr-21

元素分析测试结果见表 5-1。与 PANF 原纤维相比，咪唑功能化纤维

PANF-IM 的 C、H、N 的含量均降低，这是由于形成酰胺键和负载的 N-(3-氨基丙基)-咪唑，本身具有的 C、H 和 N 的含量均比 PANF 本身的少的缘故。第二步鎓盐化后，PANF-CEIMBr 纤维中 C、H 和 N 的含量再次下降，这是由于引入的 3-溴丙酸不包含 N，而 C 和 H 含量也比之前的 PANF-IM 少造成的。催化应用后的纤维负载离子液体催化剂，PANF-CEIMBr-1、PANF-CEIMBr-21 与 PANF-CEIMBr 相比变化不大，微弱的 C、N 含量减少及 H 含量的增加，可能是 CO_2 环加成产物少许吸附在纤维上造成的。

表 5-1　PANF、PANF-IM、PANF-CEIMBr、PANF-CEIMBr-1 和 PANF-CEIMBr-21 的元素分析数据

序列	纤维试样	$W_C/\%$	$W_H/\%$	$W_N/\%$
1	PANF	67.53	5.86	23.65
2	PANF-IM	60.06	5.75	23.30
3	PANF-CEIMBr	49.38	4.97	16.45
4	PANF-CEIMBr-1	49.26	5.01	16.31
5	PANF-CEIMBr-21	49.14	5.06	16.19

表 5-2 为纤维强度数据。与 PANF 原纤维相比，咪唑功能化后 PANF-IM 保留了原纤维力学性能的 83.2%，断裂强度变为 8.79 cN，说明在修饰过程中纤维的强度受到轻微的破坏。随后经 3-溴丙酸在乙腈中进行咪唑基团的鎓盐化，其强度下降到 7.93 cN，保留了原纤维强度的 75.1%。循环使用 1 次后的纤维 PANF-CEIMBr-1 与 PANF-CEIMBr 相比几乎没有变化；而经过 21 次循环，PANF-CEIMBr-21 的强度也仅下降 0.29 cN，保留了原纤维强度的 72.3%。说明腈纶纤维即使在高温高压的反应条件下仍能保持足够力学性能。

表 5-2　PANF、PANF-IM、PANF-CEIMBr、PANF-CEIMBr-1 和 PANF-CEIMBr-21 的力学性能

序列	纤维试样	断裂强力/cN	保留率[①]/%
1	PANF	10.56	100
2	PANF-IM	8.79	83.2
3	PANF-CEIMBr	7.93	75.1
4	PANF-CEIMBr-1	7.91	74.9
5	PANF-CEIMBr-21	7.64	72.3

①基于原纤维 PANF。

红外光谱如图 5-12 所示。PANF-IM 与 PANF 相比，其在 $3350 cm^{-1}$ 和 $1591 cm^{-1}$ 附近出现了两个强吸收峰，分别对应 N—H 的伸缩振动以及咪唑环

的骨架振动。鎓盐化后，PANF-CEIMBr 在 1765cm^{-1} 处出现一个较强的吸收峰，可归属为丙酸上 C=O 键的伸缩振动。此外，PANF-CEIMBr-1 和 PANF-CEIMBr-21 与新制备的 PANF-CEIMBr 的光谱非常相似，说明各功能基团仍负载在纤维上。

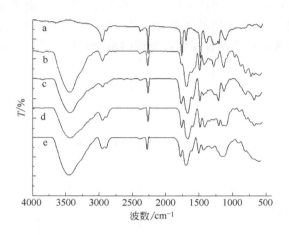

图 5-12　红外光谱图
a—PANF；b—PANF-IM；c—PANF-CEIMBr；d—PANF-CEIMBr-1；e—PANF-CEIMBr-21

图 5-13 为纤维试样的扫描电镜图片。PANF 的表面相对光滑，经咪唑功能化和鎓盐化两步反应，PANF-IM 和 PANF-CEIMBr 的表面粗糙度增加，并呈现出瘢痕。催化应用后，PANF-CEIMBr-1 和 PANF-CEIMBr-21 表面愈显

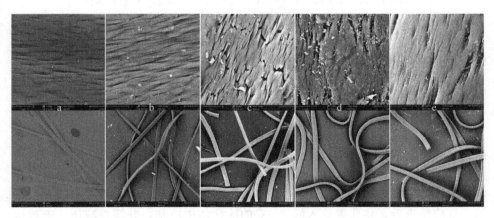

图 5-13　扫描电镜图片（标尺：上图为 5μm，下图为 100μm）
a—PANF；b—PANF-IM；c—PANF-CEIMBr；d—PANF-CEIMBr-1；e—PANF-CEIMBr-21

粗糙，且出现了大量的斑点，这可能是由于压力效应使得一些环加成产物吸附到纤维上导致的。不过，总体来看纤维的整体结构并没有遭受破坏。

此外，纤维负载离子液体 PANF-CEIMBr 和催化应用后 PANF-CEIMBr-21 的固体 ^{13}C 核磁谱图见图 5-14。179 处收峰为—COOH—碳的共振吸收；175 处的吸收峰为胺化形成的—COOH—碳的共振吸收，此外 136 和 124 处的吸收峰为咪唑环骨架上碳的共振吸收。与 PANF-CEIMBr 相比，PANF-CEIMBr-21 的核磁谱图几乎没有变化，也说明腈纶纤维负载离子液体催化剂的稳定性。

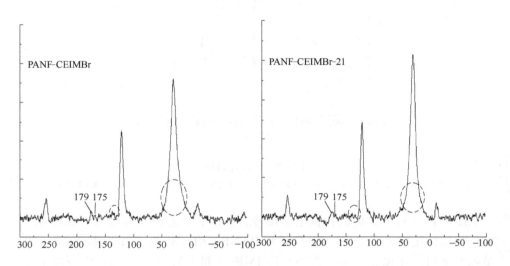

图 5-14　PANF-CEIMBr 和 PANF-CEIMBr-21 固体 ^{13}C 核磁谱图

5.3　腈纶纤维负载离子液体型催化剂在 CO_2 环加成反应中的应用

5.3.1　催化 CO_2 环加成反应的一般步骤

环加成反应在装有自动温控系统的不锈钢高压反应釜中进行。首先，适量的腈纶纤维负载离子液体催化剂 PANF-CEIMBr 缠绕在反应釜的搅拌器上，接着将已知量的环氧化物加入反应釜中，并与 CO_2 钢瓶连接置换出空气，并稳定 CO_2 压力。随后，将反应釜加热到设定的温度，恒定压力下反应一段时间。反应结束后，将装置放入低于 5℃ 的冰盐浴中冷却，并缓慢减压。通过排料口将反应液释放出来，用乙醚（20mL）清洗反应器，并将其合并到上述反应液中。最后，经旋转蒸发器分离溶剂，即得有机碳酸酯（通过重结晶对固体产品进行纯化)。搅拌器上的纤维催化剂用乙醚洗涤干净后,用吹风机吹干即可进行下一次循环。

5.3.2 反应条件优化

选取 CO_2 与环氧丙烷的环加成反应作为模型反应对反应条件进行优化,结果见表 5-3。反应的初始条件设置为反应温度 120℃,CO_2 压力为 1.0MPa,

表 5-3 腈纶纤维负载离子液体催化 CO_2 环加成反应条件的优化[①]

序列	催化剂	催化剂用量[②]/mol%	温度/℃	压力/MPa	时间/h	收率[③]/%
1	—	—	120	1.0	2.0	Trace
2	PANF	—[④]	120	1.0	2.0	Trace
3	PANF-IM	2.0	120	1.0	2.0	Trace
4	PANF-EIMBr(A)	2.0	120	1.0	2.0	65
5	PANF-HEIMBr(B)	2.0	120	1.0	2.0	93
6	PANF-CMIMBr(C)	2.0	120	1.0	2.0	90
7	PANF-CEIMBr(D)	2.0	120	1.0	2.0	95
8	PANF-CEIMCl(E)	2.0	120	1.0	2.0	61
9	PANF-CEIMBr(D)	1.5	120	1.0	2.0	94
10	PANF-CEIMBr(D)	1.0	120	1.0	2.0	94
11	PANF-CEIMBr(D)	0.5	120	1.0	2.0	87
12	PANF-CEIMBr(D)	1.0	130	1.0	2.0	92
13	PANF-CEIMBr(D)	1.0	110	1.0	2.0	95
14	PANF-CEIMBr(D)	1.0	100	1.0	2.0	96
15	PANF-CEIMBr(D)	1.0	90	1.0	2.0	81
16	PANF-CEIMBr(D)	1.0	100	1.5	2.0	94
17	PANF-CEIMBr(D)	1.0	100	0.5	2.0	82
18	PANF-CEIMBr(D)	1.0	100	1.0	1.5	77
19	PANF-CEIMBr(D)	1.0	100	1.0	2.5	98
20	PANF-CEIMBr(D)	1.0	100	1.0	3.0	93
21	CEIMBr	1.0	100	1.0	2.5	89
22	PANF-CEIMBr(D)	1.0	100	1.0	2.5	29[⑤]

①反应条件:环氧丙烷(0.2mol)、相应的催化剂、反应温度、压力和时间。②催化剂用量基于离子液体含量。③分离收率。④0.5g PANF。⑤热过滤试验。

催化剂用量为 2mol%，反应时间为 2h。首先，对照实验显示在不加任何催化剂、或以 PANF 原纤维及咪唑功能化纤维 PANF-IM 为催化剂的条件下，环加成反应不能进行。随后，将不同类型的纤维负载咪唑鎓盐催化剂用于该反应，结果显示，不含羟基的 PANF-EIMBr 在 CO_2 的环加成反应中效率较低，环碳酸酯收率仅为 65%；而其它三种含羟基的纤维负载离子液体均能获得较好的催化效果，产物收率高于 90%，其中负载离子液体上含羧乙基的 PANF-CEIMBr 效果最佳。这是由于 CO_2 在纤维表层的富集，羟基的存在可活化环氧化物开环进而促使与 CO_2 加成，且咪唑环与羟基之间适当的链长对开环中间体的形成是有利的；此外，负载离子液体的阴离子种类，对催化活性也有影响，具体表现为阴离子为 Br^- 是活性高于 Cl^-，其活性顺序与其阴离子的亲核性顺序一致（图 5-15）。随后，通过考察催化剂用量对 CO_2 环加成反应的影响，结果显示，当催化剂用量降至 1mol%，CO_2 的转化率没有明显降低仍能保持在 94%，若进一步减少催化剂用量则不利于环加成反应的进行。接着以 1mol% 的催化剂用量，简要考察了反应温度和 CO_2 压力对 CO_2 环加成反应的影响。实验结果表明，升高温度或增加压力都不利于碳酸酯的生成，且可能导致更多聚合或其它副反应的发生，而过度降低反应温度和压力，则会使 CO_2 的转化率受到抑制。

在此基础上，反应时间的优化结果表明，当催化剂用量为 1mol%，反应温度为 100℃，CO_2 压力为 1.0MPa，反应时间为 2.5h 时，环氧丙烷与 CO_2 环加成生成效果最佳，收率达 98%。此外，未负载的离子液体 CEIMBr 也具有催化效果，同等的条件下产物收率为 89%。最后，在常规实验条件下反应 0.5h 后，迅速将反应装置冷却，并将纤维负载离子液体催化剂取出，剩下的反应液恢复原条件继续反应剩余时间，"热过滤试验"显示，后续反应不能顺利进行，产物收率仅为 29%，证明了催化过程是以非均相的形式进行的（图 5-15）。

5.3.3 反应底物扩展

在最优反应条件下，将纤维负载咪唑离子液体 PANF-CEIMBr 用于不同种类环氧化合物与 CO_2 的克级环加成反应中（表 5-4）。结果显示，各种环氧化合物均能获得较高的环碳酸酯收率，不过需要说明的是，环氧化物的空间位阻效应对反应活性的影响较为明显，位阻较大的环氧化物反应过程中阻碍了溴负离子的亲核进攻，使得注入苯基环氧乙烷和环己基环氧化物，需要在较长的反应时间和较高的 CO_2 压力才能进行。另外，据核磁共振波谱分析，环己基环氧化物与 CO_2 的环加成产物以接近 100% 的顺式构型获得。

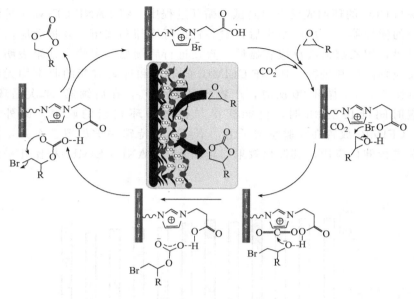

图 5-15　PANF-CEIMBr 催化 CO_2 环加成反应的机理

表 5-4　纤维负载咪唑离子液体催化不同环氧化合物与 CO_2 环加成反应[①]

3a, 98%	
3b, 96%	
3c, 99%	
3d, 96%[②]	
3e, 97%	
3f, 81%[③]	

①反应条件：环氧化合物（0.2mol）、PANF-CEIMBr 用量 1.0mol%、CO_2 压力 1.0MPa、反应时间 2.5h。②反应时间 6h。③CO_2 压力 2.0MPa，反应 24h，近 100% 的产品为顺式构型。

5.3.4　催化环与体系放大

腈纶纤维负载咪唑鎓盐 PANF-CEIMBr 的循环使用性能，仍在克级的环

氧丙烷与 CO_2 的环加成反应中测试。循环过程中，将 PANF-CEIMBr 缠绕在反应釜的搅拌器上，反应结束后，对装置进行冷却和减压，并将反应液从排料口排出，用乙醚清洗反应容器后，直接进行后续循环实验。结果表明，各循环反应均能顺利进行，PANF-CEIMBr 的活性和环碳酸酯的收率均无明显下降（图 5-16），循环 20 次时，产物收率为 89%，在后续第 21 次循环时，将反应时间延长至 3h 时，仍能获得与初次循环相当的收率。此外，将 PANF-CEIMBr 放置在实验室架子上，不经其它特殊保护放置三个月，简单干燥后进行催化应用，其催化效果与新制备的 PANF-CEIMBr 相比几乎没有变化。

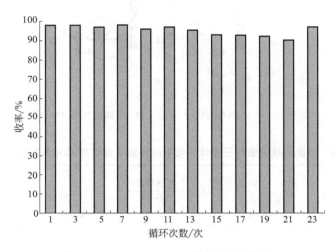

图 5-16　PANF-CEIMBr 的循环使用性能

5.3.5　对比结果

各种不同类型载体材料用于负载型催化剂，在 CO_2 环加成反应中的对比效果见表 5-5。其中，载体材料包括高分子聚合物、二氧化硅、沸石等，催化活性成分包括季铵（鏻）盐、氮杂卡宾-金属配合物、离子液体等，在其最优条件下催化 CO_2 环加成反应效果显示，尽管一些催化体系的反应温度低于 100℃，但其通常需要较长的反应时间，总体而言，腈纶纤维负载离子液体型催化剂在反应条件、循环使用性能及反应操作方面仍具有一定的优势。

表 5-5　不同负载催化剂体系中 CO_2 环加成反应的效果对比

序列	催化剂	催化剂用量 /mol%	温度 /℃	压力 /MPa	时间 /h	收率① %	循环	文献
9	CILBr-Si	0.45	110	1.62	3	99	5	[15]
7	PSIL	0.68	110	6	7	97	5	[16]
10	FDU-HEIMBr	0.5	110	1	3	99	5	[17]
1	Fluorous polymers-$R_3P^+X^-$	1.0	150	8	8	93	7	[18]
2	ABMDFP	1.5	130	2	4	98	6	[19]
3	poly(NHC-Zn)	1.0	80	1	10	56	8	[20]
4	Silicon-poly-imidazolium salts	0.9	110	1	2	94	6	[21]
5	PS-phosphonium salts	2	90	1.0	6	86	15	[22]
6	LMFI-I	0.15	140	2	4	97	4	[23]
8	PS-HEIMBr	1.6	120	2.5	4	98	6	[24]
11	$([C_4\text{-mim}]^+[BF_4]^-)/SiO_2$	1.8	160	8	4	96	4	[25]
12	$CS\text{-}N^+Me_3Cl^-$	1.7	160	4	6	98	5	[26]
13	$[Smim]OH/SiO_2$	1.8	120	2	4	94	5	[27]
14	[BMIm]Br-GO	2.5	80	1	6	99	5	[28]
15	PANF-CEIMBr	1.0	100	1	2.5	98	21	本章

①报道的最佳反应条件。

5.3.6　催化所合成化合物的表征

4-甲基-1,3-二氧戊环-2-酮

4-Methyl-1,3-dioxolan-2-one

^{1}H NMR(400MHz, $CDCl_3$)δ 4.92~4.87(m, 1 H), 4.61~4.58(m, 1 H), 4.08~4.02(m, 1 H), 1.52~1.48(m, 3 H); ^{13}C NMR(101MHz, $CDCl_3$)δ 155.1, 73.6, 70.6, 19.3。

(3b) 结构式：ClCH₂-环(1,3-二氧戊环-2-酮)

4-氯甲基-1,3-二氧戊环-2-酮

4-Chloromethyl-1,3-dioxolan-2-one

^{1}H NMR(400MHz,CDCl$_3$)δ 5.03～4.97(m,1 H),4.63～4.59(m,1 H),4.43(dd,J=8.8,5.7Hz,1 H),3.84～3.72(m,2 H);^{13}C NMR(101MHz,CDCl$_3$)δ 154.4,74.4,67.0,44.0。

(3c) 结构式：n-Bu-环(1,3-二氧戊环-2-酮)

4-正丁基-1,3-二氧戊环-2-酮

4-Butyl-1,3-dioxolan-2-one

^{1}H NMR(400MHz,CDCl$_3$)δ 4.76～4.69(m,1 H),4.57～4.53(m,1 H),4.11～4.07(m,1 H),1.83～1.78(m,1 H),1.73～1.67(m,1 H),1.40～1.37(m,4 H),0.95～0.91(m,3 H);^{13}C NMR(101MHz,CDCl$_3$)δ 155.2,77.1,69.4,33.5,26.4,22.2,13.8。

(3d) 结构式：Ph-环(1,3-二氧戊环-2-酮)

4-苯基-1,3-二氧戊环-2-酮

4-Phenyl-1,3-dioxolan-2-one

^{1}H NMR(400MHz,CDCl$_3$)δ 7.45～7.37(m,3 H),7.37～7.30(m,2 H),5.65(t,J=8.0Hz,1 H),4.80～4.74(m,1 H),4.29(dd,J=8.7,7.8Hz,1 H);^{13}C NMR(101MHz,CDCl$_3$)δ 154.8,135.7,129.5,129.0,125.8,77.9,71.0。

(3e) 结构式：PhO-CH₂-环(1,3-二氧戊环-2-酮)

4-苯氧甲基-1,3-二氧戊环-2-酮

4-Phenoxymethyl-1,3-dioxolan-2-one

^{1}H NMR(400MHz,CDCl$_3$)δ 7.34(t,J=8.0Hz,2 H),7.03(t,J=8.0Hz,1 H),6.94(d,J=8.0Hz,2H),5.10～5.01(m,1 H),4.68～4.52

(m, 2 H), 4.26(dd, J = 10.6, 4.4Hz, 1 H), 4.16(dd, J = 10.5, 3.6Hz, 1 H); ^{13}C NMR(101MHz, CDCl$_3$) δ 157.7, 154.6, 129.6, 121.9, 114.6, 74.1, 68.8, 66.2。

(3f)

顺-六氢化苯并-1,3-二氧戊环-2-酮
cis-Hexahydro-benzo-1,3-dioxolan-2-one

^{1}H NMR(400MHz, CDCl$_3$) δ 4.68~4.63(m, 2 H), 1.89~1.76(m, 4 H), 1.58~1.47(m, 2 H), 1.43~1.35(m, 2 H); ^{13}C NMR(101MHz, CDCl$_3$) δ 155.2, 75.8, 26.5, 19.0。

5.4 应用评述

本章介绍了一种新型的腈纶纤维负载咪唑鎓盐离子液体催化剂，探讨了其高效催化 CO_2 环加成反应的应用性能，并阐释了 CO_2 在纤维表层的富集以及负载羧乙基咪唑盐适宜链长对催化反应活性的影响。这种新型的纤维负载离子液体型催化剂在类似转框式反应器中应用，在无金属和无溶剂条件下高效催化克级的 CO_2 环加成反应，获得了一系列有机环碳酸酯类化合物，并显示了优异的循环使用性能，具有较好的工业应用前景。此外，腈纶纤维负载咪唑鎓盐离子液体在 CO_2 环加成反应中的成功实践，为腈纶纤维负载其它类型离子液体催化剂的应用提供了借鉴。

◆ **参考文献** ◆

[1] J Dupont, R F de Souza, P A Z Suarez. Ionic Liquid (Molten Salt) Phase Organometallic Catalysis. Chem Rev, 2002, 102: 3667-3692.

[2] Q Zhang, S Zhang, Y Deng. Recent advances in ionic liquid catalysis. Green Chem, 2011, 13: 2619-2637.

[3] S Carsten, J Oriol, E M Thomas, et al. Formation of solvent cages around organometallic complexes in thin films of supported ionic liquid. J Am Chem Soc, 2006, 128: 13990-13991.

[4] V Sans, N Karbass, M I Burguete, et al. Polymer-supported ionic-liquid-like phases (SILLPs): transferring ionic liquid properties to polymeric matrices. Chem Eur J, 2011, 17: 1894-1906.

[5] K B Sidhpuria, A L Daniel-da-Silva, T Trindade, J A P Coutinho. Supported ionic liquid silica nanoparticles (SILnPs) as an efficient and recyclable heterogeneous catalyst for the dehydration of

fructose to 5-hydroxymethylfurfural. Green Chem, 2011, 13: 340-349.
[6] C Fehér, E Kriván, J Hancsók, R Skoda-Földes. Oligomerisation of isobutene with silica supported ionic liquid catalysts. Green Chem, 2012, 14: 403-409.
[7] H Hagiwara, T Kuroda, T Hoshi, T Suzuki. Immobilization of MacMillan imidazolidinone as Mac-SILC and its catalytic performance on sustainable enantioselective Diels-Alder cycloaddition. Adv Synth Catal, 2010, 352: 909-916.
[8] D W Kim, D Y Chi. Polymer-supported ionic liquids: imidazolium salts as catalysts for nucleophilic substitution reactions including fluorinations. Angew Chem Int Ed, 2004, 43: 483-485.
[9] Y Zhang, Y Shen, J Yuan, et al. Design and synthesis of multifunctional materials based on an ionic-liquid backbone. Angew Chem Int Ed, 2006, 45: 5867-5870.
[10] R Abu-Reziq, D Wang, M Post, et al. Platinum nanoparticles supported on ionic liquid-modified magnetic nanoparticles: selective hydrogenation catalysts. Adv Synth Catal, 2007, 349: 2145-2150.
[11] M Aresta, Ed. Carbon dioxide as chemical feedstock. Wiley-VCH: Weinheim, 2010.
[12] Q Liu, L Wu, R Jackstell, et al. Using carbon dioxide as a building block in organic synthesis. Nat Commun, 2015, 6: 5933-5948.
[13] X-B Lu, D J Darensbourg. Cobalt catalysts for the coupling of CO_2 and epoxides to provide polycarbonates and cyclic carbonates. Chem Soc Rev, 2012, 41: 1462-1484.
[14] X-D Lang, L-N He. Green catalytic process for cyclic carbonate synthesis from carbon dioxide under mild conditions. Chem Rec, 2016, 16: 1337-1352.
[15] L Han, H-J Choi, S-J Choi, et al. Ionic liquids containing carboxyl acid moieties grafted onto silica: synthesis and application as heterogeneous catalysts for cycloaddition reactions of epoxide and carbon dioxide. Green Chem, 2011, 13: 1023-1028.
[16] Y Xie, Z Zhang, T Jiang, et al. CO_2 cycloaddition reactions catalyzed by an ionic liquid grafted onto a highly cross-linked polymer matrix. Angew Chem Int Ed, 2007, 46: 7255-7258.
[17] W Zhang, Q Wang, H Wu, et al. A highly ordered mesoporous polymer supported imidazolium-based ionic liquid: an efficient catalyst for cycloaddition of CO_2 with epoxides to produce cyclic carbonates. Green Chem, 2014, 16: 4767-4774.
[18] Q-W Song, L-N He, J-Q Wang, et al. Catalytic fixation of CO_2 to cyclic carbonates by phosphonium chlorides immobilized on fluorous polymer. Green Chem, 2013, 15: 110-115.
[19] X-L Meng, Y Nie, J Sun, et al. Functionalized dicyandiamide-formaldehyde polymers as efficient heterogeneous catalysts for conversion of CO_2 into organic carbonates. Green Chem, 2014, 16: 2771-2778.
[20] U R Seo, Y K Chung. Poly (4-vinylimidazolium) s/diazabicyclo [5.4.0] undec-7-ene/Zinc (II) bromide-catalyzed cycloaddition of carbon dioxide to epoxides. Adv Synth Catal, 2014, 356: 1955-1961.
[21] J Wang, J Leong, Y Zhang. Efficient fixation of CO_2 into cyclic carbonates catalysed by silicon-based main chain poly-imidazolium salts. Green Chem, 2014, 16: 4515-4519.
[22] J Steinbauer, L Longwitz, M Frank, et al. Immobilized bifunctional phosphonium salts as recyclable organocatalysts in the cycloaddition of CO_2 and epoxides. Green Chem, 2017, 19: 4435-4445.
[23] C-G Li, L Xu, P Wu, et al. Efficient cycloaddition of epoxides and carbon dioxide over novel organic-inorganic hybrid zeolite catalysts. Chem Commun, 2014, 50: 15764-15767.
[24] J Sun, W Cheng, W Fan, et al. Reusable and efficient polymer-supported task-specific ionic liquid catalyst for cycloaddition of epoxide with CO_2. Cata Today, 2009, 148: 361-367.

[25] J-Q Wang, X-D Yue, F Cai, et al. Solventless synthesis of cyclic carbonates from carbon dioxide and epoxides catalyzed by silica-supported ionic liquids under supercritical conditions. Catal Commun, 2007, 8: 167-172.

[26] Y Zhao, J-S Tian, X-H Qi, et al. Quaternary ammonium salt-functionalized chitosan: An easily recyclable catalyst for efficient synthesis of cyclic carbonates from epoxides and carbon dioxide. J Mol Catal A: Chem, 2007, 271: 284-289.

[27] X Zhang, D Wang, N Zhao, et al. Grafted ionic liquid: Catalyst for solventless cycloaddition of carbon dioxide and propylene oxide. Catal Commun, 2009, 11: 43-46.

[28] R Luo, X Zhou, Y Fang, et al. Metal-and solvent-free synthesis of cyclic carbonates from epoxides and CO_2 in the presence of graphite oxide and ionic liquid under mild conditions: A kinetic study. Carbon, 2015, 82: 1-11.

第6章

腈纶纤维负载铜配合物催化剂

6.1 负载铜配合物催化剂介绍

发展绿色、高效的合成方法一直是有机合成领域的主流方向。过渡金属铜及其盐,尽管价廉、相对低毒,但其在诸多场合的用量往往比贵金属要大得多。而且,在催化应用领域,过渡金属催化剂难以与产物分离和循环使用,一直是均相催化的主要弊端,同时,由于铜能和许多含氮化合物配位,可能会导致不可接受的铜对产物的污染,进而严重限制了其在电子及医药领域的应用。因此,从经济和环境的角度考虑,发展可循环的铜催化体系将具有重要的理论和实际意义。目前,负载型铜催化剂因综合了均相和多相催化的优势,已越来越受到化学工作者的广泛关注。

1869 年 Glaser 以苯乙炔为原料,乙醇和氨水为溶剂,CuCl 为催化剂,在空气氛围下成功的合成了 1,4-二苯基-1,3-丁二炔,这类端炔偶联的反应后来被称为 Glaser 偶联反应[1];1962 年,Hay 对该反应做了重要的改进,其采用 CuCl 和四甲基乙二胺(TMEDA)为催化剂,在丙酮或邻二氯苯等溶剂中,成功地以 O_2 氧化端炔合成了 1,3-二炔化合物,此反应又被称为 Hay 偶联反应[2]。改良后的 Glaser 偶联反应,可用于不同取代苯乙炔、烷基乙炔和烷氧基乙炔等各种类型端炔的偶联,得到线性或环状的共轭二炔类小分子。如果在偶联反应中使用含有两个端位炔基的化合物,如 1,4-二乙炔基苯,则可以得到交替排列在主链上的共轭大分子,这类共轭聚合物具有特殊的光电性质和液晶特性。近些年来,Glaser 偶联反应被广泛应用于联二炔烃以及共轭大分子炔烃的合成中,并且在高分子化学、天然产物化学、材料科学等领域发挥了重要的作用[3~6]。

鉴于共轭炔烃类化合物的广泛用途,且随着绿色化学研究的深入与快速发展,对 Glaser 偶联反应条件的改进,也受到了越来越多的关注。在超临界二氧化碳[7]、离子液体[8]和近临界水[9]等绿色溶剂中，进行的Glaser偶联反应已被开发出来，而且水相中的发生的Glaser偶联反应也已有报道。例如，Tsai小组[10]利用2,2'-连吡啶-钯盐和CuI的催化体系，在四丁基溴化铵(TBAB)存在下，室温水相实现1,3-二炔类化合物的合成（图6-1）。研究发现，芳基炔在有碘或无碘的条件下均能发生反应，而烷基炔需要碘作为氧化剂才能顺利进行，在0.0001mol%～1mol%钯和1mol% CuI催化下，合成了一系列端炔偶联的产物（收率32%～93%）。

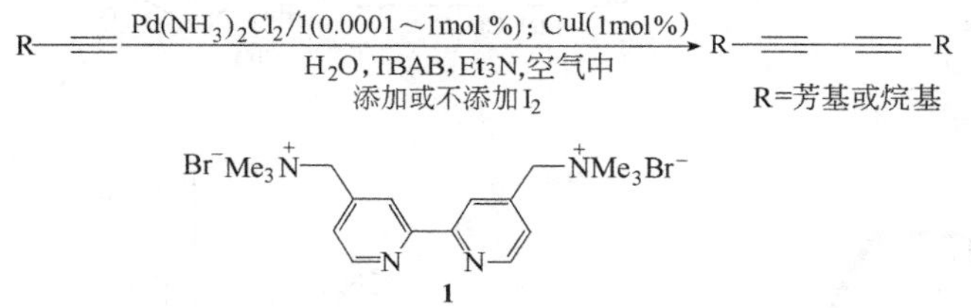

$$R\text{—}\equiv\text{—}H \xrightarrow[\text{H}_2\text{O, TBAB, Et}_3\text{N, 空气中}]{\text{Pd(NH}_3)_2\text{Cl}_2/1(0.0001\sim1\text{mol}\%)\text{; CuI(1mol}\%)} R\text{—}\equiv\text{—}\equiv\text{—}R$$

添加或不添加I_2；R=芳基或烷基

图6-1 水相发生的端炔偶联反应

另外，Glaser偶联反应在催化剂的改进方面也取得了显著进展，其主要表现在一些新型负载化的催化剂应用上。例如，Cai等人[11]通过硅氧键将二胺链接到MCM-41上，进而利用二胺与铜的配合作用将CuI负载其上，得到了负载CuI的MCM-41(MCM-41-2N-CuI)，并在Glaser偶联反应中测试了其催化性能（图6-2）。结果显示，以哌啶作为碱，空气为氧化剂，二氯甲烷为溶剂室温下即能催化该反应，产物收率在78%～98%，而且该负载铜催化剂循

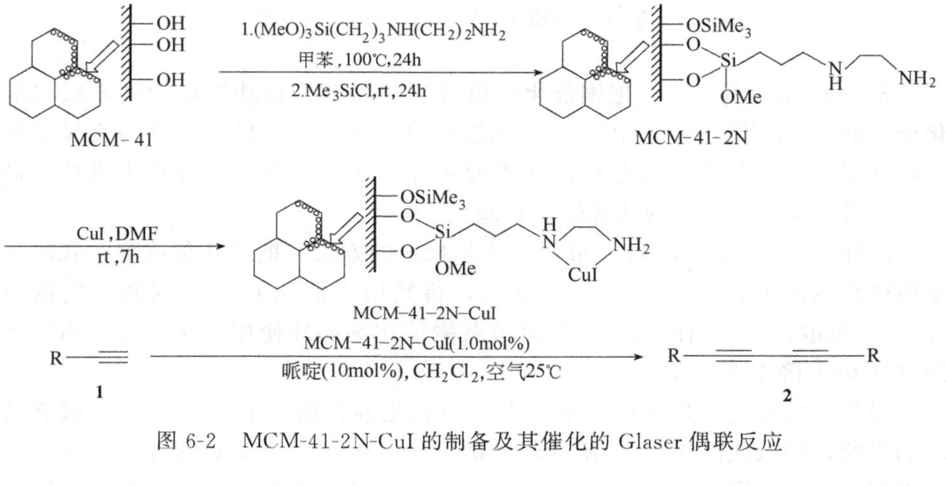

图6-2 MCM-41-2N-CuI的制备及其催化的Glaser偶联反应

环使用10次，相应收率仅从初始的96%降至93%。

Ma小组[12]和Yang小组[13]则分别通过四乙基二乙烯三胺（TEDETA）和DABCO把铜盐负载到SBA-15上（图6-3，图6-4），也分别在溶剂DMSO和吡啶中顺利实现了Glaser偶联反应。后者在室温、空气氧化下即可发生反应，但前者需要1atm氧气，50℃反应条件下才能进行。

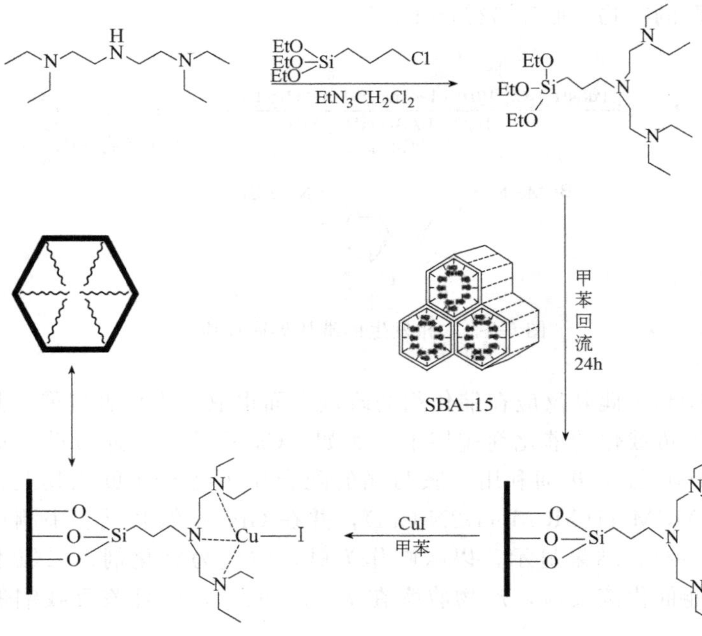

图6-3 CuI-TEDETA/SBA-15的合成步骤

Khosropour等人[14]把铜催化剂负载到三嗪聚合物功能化的纳米级二氧化硅表面[Cu(Ⅱ)-td@nSiO$_2$]，在乙腈中也实现了端炔的自偶联与交叉偶联反应（图6-5）。但是，该催化体系需使用20 mol% DBU作为碱才能顺利进行，而且交叉偶联反应的选择性非常差。

此外，Cai小组采用Girard等人[15]报道的方法，把CuI负载到大孔离子交换树脂Amberlyst A-21上（图6-6），将其用于催化Glaser偶联反应的研究[16]，也取得了不错的效果，但该负载铜催化剂循环使用5次，收率明显下降（从96%降至84%）。

另外，也有报道是在选用不同类型的氧化剂方面，来开展Glaser偶联反应的研究，如氯代丙酮[17]、硝基苯（钴为催化剂）[18]等，以避免空气或氧气氛围下底物发生副反应。有关Glaser偶联反应机理的报道一直较少，所以其

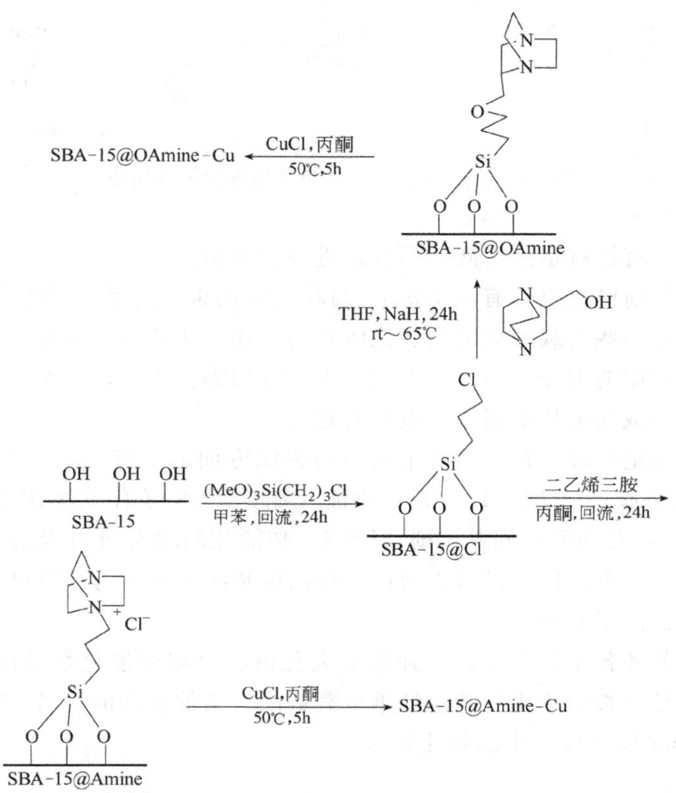

第6章 腈纶纤维负载铜配合物催化剂

图 6-4 SBA-15@DABCO-Cu 的制备方法

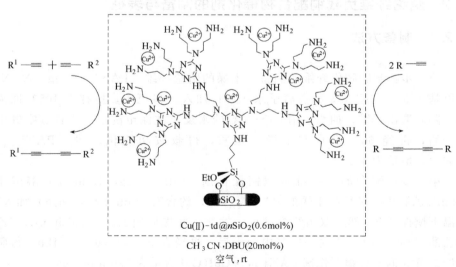

图 6-5 纳米级二氧化硅负载铜催化的端炔偶联反应

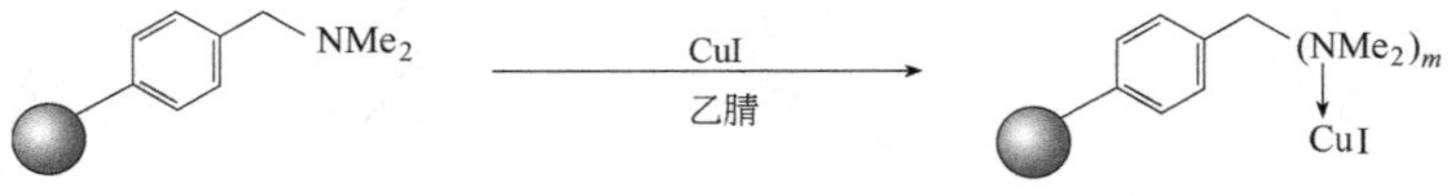

图 6-6　Amberlyst A-21 负载铜催化剂的制备

反应机理也一直没有定论，此处不再做进一步阐释。

综上，目前已报道的有关 Glaser 偶联反应的催化体系，虽然取得了显著的进展，但是一些负载催化剂及催化体系仍存在一些缺点，如催化剂制备过程复杂、循环使用能力差、不便于大规模生产应用等。因此，开发更为廉价且高效、实用的负载铜催化剂仍具有重要的意义。

功能化腈纶纤维，在金属离子吸附与去除方面的研究已取得了不少成果，例如，类乙二胺四乙酸（EDTA）功能化腈纶纤维可有效吸附多种金属离子[19]，4-(2-吡啶偶氮)间苯二酚（PAR）功能化腈纶纤维可吸附重金属离子而发生变色[20] 等；这些报道，为进一步拓展腈纶纤维作为载体材料负载金属的催化应用提供了基础。

本章以前述各章节为基础，并借鉴大孔树脂负载铜催化剂的研究报道[15]来介绍，一种叔胺功能化的腈纶纤维负载铜配合物催化剂的制备方法，进而测试其在 Glaser 偶联反应中的催化效果。

6.2　腈纶纤维负载铜配合物催化剂的制备与表征

6.2.1　制备方法

第一步：叔胺胺化纤维的制备。干燥的腈纶纤维（PANF）2.5g、N,N-二甲基-1,3-丙二胺 35g 和去离子水 15mL 加入三口瓶中，搅拌下 105℃ 回流 6h。随后取出纤维，抽滤，用 60～70℃ 的水反复洗涤至洗液呈中性。空气中晾干后，再经 60℃ 下真空干燥至恒重，得叔胺功能化纤维（PANF$_{TA}$，3.50g），增重为 40%。

第二步：配合形成纤维负载铜催化剂。CuI（3.43g，18mmol）溶解于 135mL 乙腈中，随后将干燥的 PANF$_{TA}$（3g，约含有 9mmol 叔胺基团）加入，室温下搅拌 24h。然后取出纤维试样，抽滤，并先后用乙腈（3×50mL）、乙酸乙酯（2×50mL）淋洗。空气中晾干后，再经真空干燥（60℃）12h，得腈纶纤维负载铜配合物催化剂 PANF$_{TA}$·CuI（CuI 含量为 2.0mmol/g）。

腈纶纤维负载铜催化剂的合成通过两步来完成，即首先制备叔胺功能化的纤维，然后通过纤维上叔胺基团与金属铜盐的配合作用来制备腈纶纤维负载铜配合物催化剂（图 6-7）。

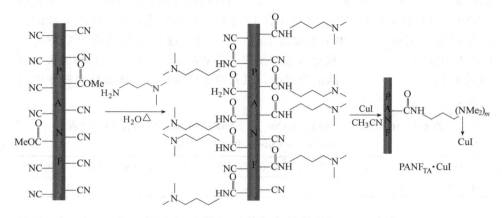

图 6-7 腈纶纤维负载铜催化剂的制备

腈纶纤维的叔胺功能化程度主要通过增重（增重 = $[(W_2 - W_1)/W_1] \times 100\%$，$W_1$ 和 W_2 分别代表腈纶纤维胺化前后的重量）和酸碱容量来衡量。腈纶纤维的胺化接枝反应，如前些章节所述，主要受到有机胺浓度、反应时间和反应温度的影响，而且纤维的胺化程度与机械强度之间有着相互制约的关系。为了得到胺化程度和强度均较适宜的叔胺胺化纤维 $PANF_{TA}$，经过胺化条件的筛选，最终得到了增重为 40% 的 $PANF_{TA}$。经滴定实验测试，$PANF_{TA}$ 的酸碱容量为 2.98mmol/g。

随后，利用乙腈溶解 CuI，进而在该体系中通过铜盐与纤维上叔胺基团的配合作用，来制备腈纶纤维负载铜配合物催化剂 $PANF_{TA}·CuI$。为获得较高的铜负载量，通过使用过量的 CuI 并进行充分的配合反应（24h），最终得到 CuI 负载量为 2.0mmol/g $PANF_{TA}·CuI$（通过重量变化计算的结果与 ICP 检测的结果基本一致）。

6.2.2 表征手段与分析

对不同阶段的纤维试样进行了表征。包括腈纶原纤维 PANF、叔胺功能化纤维 $PANF_{TA}$、纤维负载铜配合物催化剂 $PANF_{TA}·CuI$，以及在 Glaser 偶联反应（苯乙炔为底物，最优条件下）中使用 1 次后的催化剂 $PANF_{TA}·CuI$-1 和循环使用 16 次后的 $PANF_{TA}·CuI$-16，分别进行了电感耦合等离子体光谱（ICP）、红外光谱（FTIR）和扫描电镜（SEM）的测试。

纤维负载铜催化剂制备完毕，首先利用ICP测定了$PANF_{TA} \cdot CuI$中CuI的含量，其结果为2.04mmol/g，与通过负载铜盐前后纤维试样重量变化计算的结果（2.0mmol/g）相当。另外，还分别对循环使用后的纤维负载铜催化剂$PANF_{TA} \cdot CuI$-1和$PANF_{TA} \cdot CuI$-16进行了ICP的测试，其对应的CuI的含量分别为2.02mmol/g和1.91mmol/g（表6-1），这些结果表明$PANF_{TA} \cdot CuI$在Glaser偶联反应的催化体系中使用，负载的CuI没有太明显的流失，也显示了$PANF_{TA} \cdot CuI$较高的稳定性，以及腈纶纤维作为金属催化剂载体的可行性。

表6-1 ICP测定的PANF、$PANF_{TA}$、$PANF_{TA} \cdot CuI$、$PANF_{TA} \cdot CuI$-1和$PANF_{TA} \cdot CuI$-16中CuI的含量

纤维样品	PANF	$PANF_{TA}$	$PANF_{TA} \cdot CuI$	$PANF_{TA} \cdot CuI$-1	$PANF_{TA} \cdot CuI$-16
CuI含量/(mmol/g)	—	—	2.04	2.02	1.91

图6-8为各阶段纤维试样的红外光谱。与腈纶原纤维相比，叔胺功能化后的纤维在3700～3150cm^{-1}处出现宽的吸收带，对应于N,N-二甲基-1,3-丙二胺的伯胺基团与氰基反应生成的酰胺键上的N—H伸缩振动模式；纤维上的氰基由于胺化反应消耗，因此在2242cm^{-1}处的吸收峰强度降低；另外，1731cm^{-1}处C═O的吸收峰强度降低更为明显，说明在胺化接枝过程中甲氧羰基比氰基更容易发生氨解；在1650～1560cm^{-1}之间新出现的宽且强的吸收峰，它们对应于所形成酰胺中的羰基C═O的伸缩振动、C—N伸缩振动和

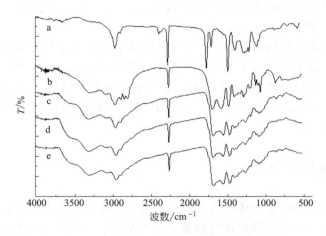

图6-8 纤维试样的红外光谱图

a—PANF；b—$PANF_{TA}$；c—$PANF_{TA} \cdot CuI$；d—$PANF_{TA} \cdot CuI$-1；e—$PANF_{TA} \cdot CuI$-16

N—H弯曲振动的叠合。

当叔胺功能化纤维$PANF_{TA}$配合CuI后,其红外谱图与$PANF_{TA}$相比有略微的峰强度变化,但特征收峰的位置都没有改变,这主要是由于CuI与叔胺基团的配合作用所导致的,也证明了CuI确实被负载到纤维上。另外,循环使用后的$PANF_{TA}\cdot CuI$-1和$PANF_{TA}\cdot CuI$-16与新制的$PANF_{TA}\cdot CuI$相比,其红外谱图几乎没有变化,这一结果再次证明了纤维负载铜催化剂的稳定性。

各阶段纤维试样的扫描电镜图片如图6-9所示。未修饰的腈纶纤维呈现出相对均匀、光滑的表面,而且直径较小;叔胺功能化后的腈纶纤维表面变得粗糙并伴有斑痕,而且纤维直径也明显变粗,这是因为在胺化过程中,聚丙烯腈发生了溶胀,而且部分表层分子链高序排列的破坏所造成的。当负载CuI后,纤维的表面上布满了斑点,变得更加粗糙,这是由于配合了CuI的缘故,且大量负载的CuI在一定程度上也会掩盖原有的斑痕。在作为Glaser偶联反应的催化剂使用后,$PANF_{TA}\cdot CuI$-1和$PANF_{TA}\cdot CuI$-16的表面并没有发生太明显的变化,也表明了纤维负载铜催化剂在多次循环使用后,CuI仍被负载在纤维上,可进行更多次的循环。

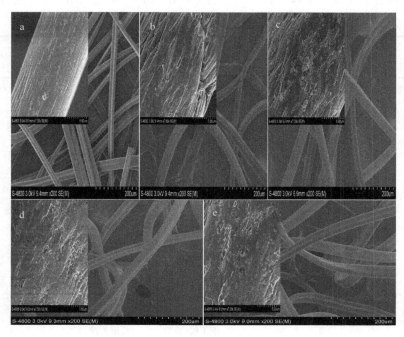

图6-9 纤维试样的扫描电镜图片

a—PANF;b—$PANF_{TA}$;c—$PANF_{TA}\cdot CuI$;d—$PANF_{TA}\cdot CuI$-1;e—$PANF_{TA}\cdot CuI$-16

6.3 腈纶纤维负载铜配合物催化剂在端炔偶联反应中的应用

6.3.1 催化端炔偶联反应的一般步骤

在小试管中分别加入端炔（1.0mmol）、正丁胺（0.5mmol）、$PANF_{TA}$·CuI(0.01g，2mol%) 和乙酸乙酯（3mL），室温条件下，敞口、搅拌反应 12h。然后，用小镊子将 $PANF_{TA}$·CuI 取出，并用乙酸乙酯（2×10mL）冲洗，洗液合并到反应液中、旋干，柱色谱纯化得纯的端炔偶联的产物。循环实验时，冲洗后的 $PANF_{TA}$·CuI 不经其它处理，直接进入下一个循环。

6.3.2 反应条件优化

腈纶纤维负载铜催化剂在端炔的 Glaser 偶联反应中应用，从其反应条件的优化展开。选择苯乙炔的自偶联反应为模型，分别对反应中使用的碱、溶剂和催化剂用量进行了筛选（表 6-2）。首先，在 5mol% 催化剂用量下，空气为氧

表 6-2 $PANF_{TA}$·CuI 催化端炔偶联反应的优化[①]

序列	催化剂用量/mol%	碱	溶剂	收率[②]/%
1	5	—	四氢呋喃	—
2	5	三乙胺	四氢呋喃	痕量
3	5	吡啶	四氢呋喃	14
4	5	二乙胺	四氢呋喃	32
5	5	正丙胺	四氢呋喃	87
6	5	正丁胺	四氢呋喃	95
7	5	正丁胺	乙醇	痕量
8	5	正丁胺	乙酸乙酯	98
9	5	正丁胺	甲苯	97
10	5	正丁胺	二甲基亚砜	98
11	0	正丁胺	乙酸乙酯	—
12	0.5	正丁胺	乙酸乙酯	19
13	1	正丁胺	乙酸乙酯	52
14	2	正丁胺	乙酸乙酯	98
15	2	正丁胺	乙酸乙酯	97[③]

[①]反应条件：苯乙炔（1.0mmol）、碱（0.5mmol）和溶剂（3mL），空气中室温下反应 12h。[②]分离收率。[③]0.2 倍正丁胺反应 24h。

化剂，THF 为溶剂，测试了常见有机胺的活性。结果显示，无碱存在或使用叔胺时，反应不能进行，仲胺的效果也不佳；但是使用伯胺时却获得了较好的 1,3-二炔收率，尤其是正丁胺，其对应的收率高达 95%；随后，以正丁胺为碱，对不同类型反应的溶剂进行了筛选。研究表明，除极性质子溶剂乙醇外，其它类型的溶剂如乙酸乙酯、甲苯、DMSO 均能获得较好的结果。据此选择较为绿色的乙酸乙酯作为反应溶剂，继续优化反应条件。结合空白对照实验，对催化剂的用量做了简单的筛选，发现当 $PANF_{TA} \cdot CuI$ 的用量为 $2mol\%$ 时，反应即能顺利完成。另外实验还发现，减少碱的用量，通过延长反应时间也能获得较高的 1,3-二炔收率。总结以上结果，最终优化后的条件为 $2mol\%$ 催化剂用量，以正丁胺为碱，空气为氧化剂，在乙酸乙酯中室温下进行反应。

6.3.3 反应底物扩展

条件优化完毕，在最佳反应条件下对反应底物进行了扩展（表 6-3）。结果显示，纤维负载铜配合物催化剂催化体系，具有较好的底物适用性，无论是含有供电子基团的芳基炔，其中包括端位的 1,3-二炔，还是吸电子基团取代的芳基炔，抑或是端位的脂肪炔，均能获得较高收率的偶联产物。尽管如此，需要指出的是，脂肪炔的反应活性不及芳基炔，例如正己炔，其需要增加碱的用量，并延长反应时间才能获得更高收率的产物。

表 6-3　$PANF_{TA} \cdot CuI$ 催化端炔偶联反应的底物扩展[①]

序列	端炔	产品	收率[②]/%
1		2a	98
2	(C2)苯乙炔	2b	99
3	(C3)苯乙炔	2c	98
4	(C4)苯乙炔	2d	99
5	甲氧基苯乙炔	2e	96

续表

序列	端炔	产品	收率[2]/%
6	(3-苯氧基苯乙炔结构)	2f	99
7	(4-甲氧基苯乙炔结构)	2g	97
8	(4-氯苯乙炔结构)	2h	98
9	(环己烯基乙炔结构)	2i	95
10	(2-甲基-3-丁炔-2-醇结构)	2j	94
11	(长链炔结构)	2k	82
12	(长链炔结构)	2k	95[3]

①反应条件：端炔（1.0mmol）、正丁胺（0.5mmol）、PANF$_{TA}$·CuI（2mol%基于铜含量）和乙酸乙酯（3mL），空气中反应12h。②分离收率。③1倍正丁胺反应24h。

6.3.4 催化剂的循环使用与体系放大

对纤维负载铜配合物催化剂的循环使用性能进行了考察（表6-4）。同样以苯乙炔的偶联反应为模型，每一循环反应结束后，用小镊子将 PANF$_{TA}$·CuI 取出，并用乙酸乙酯（2×10mL）淋洗，洗液合并到反应液中，旋干，柱色谱纯化，冲洗后的 PANF$_{TA}$·CuI 不经其它处理，直接进行下一个循环。经过15次催化循环后，苯乙炔偶联反应的收率由98%降为86%，说明 PANF$_{TA}$·CuI 仍然具有较高的活性。在重复使用15次以后，尝试延长反应时间至24h，反应收率仍可达97%，显示了纤维负载金属催化剂较高的循环使用性能。

表6-4 PANF$_{TA}$·CuI 催化端炔偶联反应的循环使用性能[1]

循环	1	2	3	5	8	10	15	16
收率[2]/%	98	98	96	97	94	92	86	97[3]

①反应条件：苯乙炔（1.0mmol）、正丁胺（0.5mmol）、PANF$_{TA}$·CuI（2mol%基于铜含量）和乙酸乙酯（3mL），空气中反应12h。②分离收率。③反应24h。

此外，为了证实纤维负载铜催化剂的合成能力，采用连续流体式操作（图 6-10），仍以苯乙炔为底物，来考察了催化体系放大后的催化效果。通过以一定的流速将敞口在烧瓶中的苯乙炔、正丁胺和乙酸乙酯的混合液喷洒到填装在管式反应器的 PANF$_{TA}$·CuI，然后将反应液收集在锥形瓶中进一步处理得产物纯品。催化体系被放大 20 倍，底物的用量达克级，实验结果显示，Glaser 偶联反应通过连续流体式操作仍能顺利地完成，而且产物的收率高达 96%。

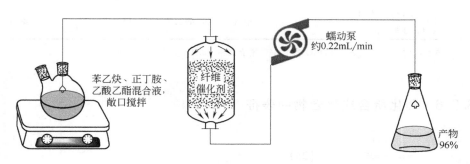

图 6-10　连续流体式操作示意

6.3.5　对比结果

结合文献报道的结果，对不同负载催化剂催化下 Glaser 偶联反应的效果进行了对比。如表 6-5 所示，纤维负载铜配合物催化剂在反应条件及其循环使用性能上，仍表现出了一定的优势。而且，纤维与其它粉末或颗粒状负载催化剂相比，其分离操作更为简便，催化剂更容易回收，进而便于重复使用，显示了腈纶纤维作为金属催化剂载体的优良性能。

表 6-5　不同负载催化体系中苯乙炔偶联反应的效果对比

序列	催化剂 （碱/温度）	催化剂用量 /mol%	氧化剂	溶剂	收率[①] /%	（循环数） 最终收率/%	文献
1	MCM-41-2N-CuI （哌啶/室温）	1	空气	二氯甲烷	94	(10) 93%	[11]
2	CuI-TEDETA/SBA-15 （—/50℃）	3	O_2 (1atm)	二甲基亚砜	99	(5) 53%	[12]
3	SBA-15@amine-Cu （哌啶/室温）	5	空气	哌啶	99	(6) 61%	[13]
4	Cu(Ⅱ)-TD@nSiO$_2$ （DBU[②]/室温）	0.6	空气	乙腈	99	(8) 92%	[14]

续表

序列	催化剂 （碱/温度）	催化剂用量 /mol%	氧化剂	溶剂	收率[①] /%	（循环数） 最终收率/%	文献
5	A-21·CuI （正丁胺/室温）	5	空气	—	97	(5) 84%	[16]
6	Cu(OH)$_x$/TiO$_2$ （—/90℃）	5	O$_2$ (1atm)	甲苯	90	(2) 82%	[21]
7	PANF$_{TA}$·CuI （正丁胺/室温）	2	空气	乙酸乙酯	98	(16) 97%	本章

①体系最优条件下收率。②DBU 为 1,8-二氮杂双环 [5.4.0] 十一碳-7-烯。

6.3.6 催化所合成化合物的表征

 (2a)

1,4-二苯基-1,3-丁二炔
1,4-Diphenylbuta-1,3-diyne

m. p. 86～87℃；^{1}H NMR（600MHz，CDCl$_3$）δ 7.54（m，4H），7.36（m，7.0Hz，6H）；^{13}C NMR（151MHz，CDCl$_3$）δ 132.85，129.55，128.78，122.15，81.90，74.27。

(2b)

1,4-二（4-正丙基苯基）-1,3-丁二炔
1,4-Bis(4-n-propylphenyl) buta-1,3-diyne

m. p. 106～108℃；^{1}H NMR（600MHz，CDCl$_3$）δ 7.44（d，J=7.9Hz，4H），7.15（d，J=7.9Hz，4H），2.60（t，J=7.6Hz，4H），1.67～1.61（M，4H），0.94（t，J=7.3Hz，6H）；^{13}C NMR（151MHz，CDCl$_3$）δ 144.57，132.74，128.96，119.37，81.92，73.82，38.38，24.61，14.10。

(2c)

1,4-二（4-正丁基苯基）-1,3-丁二炔
1,4-Bis(4-n-butylphenyl) buta-1,3-diyne

m. p. 67℃；^{1}H NMR（600MHz，CDCl$_3$）δ 7.44（d，J=7.9Hz，4H），7.15（d，J=7.9Hz，4H），2.62（t，J=7.7Hz，4H），1.68～1.55（m，4H），1.39～

1.27(m,4H),0.93(t,$J=7.3$Hz,6H);^{13}C NMR(151MHz,CDCl$_3$)δ 144.81,132.75,128.91,81.92,73.80,36.03,33.65,22.65,14.26。

1,4-二（4-正戊基苯基)-1,3-丁二炔
1,4-Bis(4-n-pentylphenyl) buta-1,3-diyne

m.p.83～84℃;^{1}H NMR(600MHz,CDCl$_3$)δ 7.44(d,$J=7.3$Hz,4H),7.15(d,$J=7.3$Hz,4H),2.61(t,$J=7.0$Hz,4H),1.62～1.54(m,4H),1.32～1.26(m,8H),0.89(t,$J=6.5$Hz,6H);^{13}C NMR(151MHz,CDCl$_3$)δ 144.84,132.75,128.90,119.30,81.92,73.80,36.31,31.77,31.21,22.86,14.36。

1,4-二（4-甲氧基苯基)-1,3-丁二炔
1,4-Bis(4-methoxylphenyl) buta-1,3-diyne

m.p.138～139℃;^{1}H NMR(600MHz,CDCl$_3$)δ 7.46(d,$J=7.1$Hz,4H),6.85(d,$J=7.2$Hz,4H),3.82(s,6H);^{13}C NMR(151MHz,CDCl$_3$)δ 160.55,134.37,114.45,81.56,73.26,55.66。

1,4-二（3-苯氧基苯基)-1,3-丁二炔
1,4-Bis (3-phenoxylphenyl) buta-1,3-diyne

m.p.138～139℃;^{1}H NMR(600MHz,CDCl$_3$)δ 7.66～6.56(m,18H);^{13}C NMR(151MHz,CDCl$_3$)δ 157.78,156.68,130.26,130.20,127.54,124.25,123.33,122.26,120.28,119.73,81.51,74.41。

1,4-二（4-甲氧基苯基)-1,3,5,7-辛四炔
1,4-Bis (4-methoxylphenyl) octatetrain

m.p.190～191℃;^{1}H NMR(600MHz,CDCl$_3$)δ 7.48(d,$J=6.7$Hz,4H),6.85(d,$J=6.9$Hz,4H),3.83(s,6H);^{13}C NMR(101MHz,CDCl$_3$)δ 161.33,135.32,114.68,112.75,78.35,73.96,67.41,64.24,55.75。

1,4-二（4-氯苯基）-1,3-丁二炔
1,4-Bis(4-chlorophenyl) buta-1,3-diyne

m. p. 258~259℃；^{1}H NMR（600MHz，CDCl$_3$）δ 7.45(d，J=6.3Hz，4H)，7.32(d，J=5.5Hz，4H)。

1,4-二（1-环己烯基）-1,3-丁二炔
1,4-Bis(cyclohex-1-enyl) buta-1,3-diyne

m. p. 54~56℃；^{1}H NMR（600MHz，CDCl$_3$）δ 6.24~6.18(m，2H)，2.11~208(m，8H)，1.60~1.49(m，8H)；^{13}C NMR（151MHz，CDCl$_3$）δ 138.47，120.28，83.03，71.88，29.02，26.21，22.46，21.65。

2,7-二甲基-3,5-二炔-2,7-辛二醇
2,7-dimethylocta-3,5-diyne-2,7-diol

m. p. 54~56℃；^{1}H NMR（600MHz，CDCl$_3$）δ 1.53(s，12H)；^{13}C NMR（151MHz，CDCl$_3$）δ 84.12，65.93，31.38，27.25。

5,7-十二烷二炔
Dodeca-5,7-diyine

^{1}H NMR（400MHz，CDCl$_3$）δ 2.25(t，J=6.8Hz，4H)，1.65~1.11(m，8H)，0.90(t，J=7.2Hz，6H)；^{13}C NMR（101MHz，CDCl$_3$）δ 77.75，65.60，30.74，22.27，19.23，13.87。

6.4 应用评述

本章利用叔胺功能化的腈纶纤维来配合金属铜盐，进而合成了纤维负载铜配合物催化剂，并在Glaser偶联反应中考察了其催化性能。通过对不同阶段纤维试样的表征，证实了纤维负载铜配合物催化剂制备方法的可行性及使用过程的稳定性；而且，该纤维负载铜配合物催化剂在用量仅为2mol%时，空气为氧化剂，乙酸乙酯中室温条件下即可高效催化Glaser偶联反应，产物收率接近定量，且对反应底物具有普适性；反应体系后处理简便，催化剂易于回收，循环使用达 16 次，产物的收率几乎没有下降，显示了其较高的循环使用性能；催化体系放大 20 倍，底物用量达克级，通过连续流体式操作反应仍可以顺利进行。不难发现，纤维负载铜配合物催化剂具有较好的合成应用能力，可在不同类型过渡金属铜催化的有机反应中尝试；另外，纤维催负载化剂便于二次加工，可在固定床反应器及其它各种反应器中应用，很明显纤维负载金属配合物催化剂在工业化连续合成领域具有较好的应用前景。

参考文献

[1] C Glaser. Beiträge zur kenntniss des acetenylbenzols. Ber Dtsch Chem Ges，1869，2：422-424.

[2] A S Hay，Oxidative coupling of acetylenes. Ⅱ. J Org Chem，1962，27：3320-3321.

[3] E J Cho，D Lee. Total synthesis of (3R，9R，10R)-panaxytriol via tandem metathesis and metallotropic [1,3]-shift as a key step. Org Lett，2008，10：257-259.

[4] M Kijima，S Matsumoto，I Kinoshita. Synthesis and optical properties of disubstituted poly(p-phenylenebutadiynylene) s. Synth Met，2003，135：391-392.

[5] P A Wender，J P Christy，A B Lesser，et al. The synthesis of highly substituted cyclooctatetraene scaffolds by metal-catalyzed [2＋2＋2＋2] cycloadditions：studies on regioselectivity，dynamic properties，and metal chelation. Angew Chem Int Ed，2009，48：7687-7690.

[6] V L Budarin，J H Clark，R Luque，et al. Palladium nanoparticles on polysaccharide-derived mesoporous materials and their catalytic performance in C-C coupling reactions. Green Chem，2008，10：382-387.

[7] J Li，H Jiang. Glaser coupling reaction in supercritical carbon dioxide. Chem Commun，1999，2369-2370.

[8] J S Yadav，B V S Reddy，K B Reddy，et al. Glaser oxidative coupling in ionic liquids：an improved synthesis of conjugated 1,3-diynes. Tetrahedron Lett，2003，44：6493-6496.

[9] P-H Li，J-C Yan，M Wang，et al. Glaser coupling reaction without organic solvents and bases under near-critical water conditions. Chin J Chem，2004，22：219-221.

[10] S-N Chen，W-Y Wu，F-Y Tsai. Homocoupling reaction of terminal alkynes catalyzed by a reusable cationic 2,2′-bipyridyl palladium (Ⅱ)/CuI system in water. Green Chem，2009，11：269-274.

[11] R Xiao，R Yao，M Cai. Practical oxidative homo-and heterocoupling of terminal alkynes catalyzed by immobilized copper in MCM-41. Eur J Org Chem，2012，22：4178-4184.

[12] Z Ma，X Wang，S Wei，et al. Cu (I) immobilized on functionalized SBA-15：a recyclable catalyst for the synthesis of 1,3-diynes using terminal alkynes without base. Catal Commun，2013，39：24-29.

[13] H Li，M Yang，X Zhang，et al. Mesoporous silica-supported copper-catalysts for homocoupling reaction of terminal alkynes at room-temperature. New J Chem，2013，37：1343-1349.

[14] M Nasr-Esfahani，I Mohammadpoor-Baltork，A R Khosropour，et al. Copper immobilized on nano-silica triazine dendrimer (Cu(II)-td@nSiO$_2$) catalyzed synthesis of symmetrical and unsymmetrical 1,3-diynes under aerobic conditions at ambient temperature. RSC Adv，2014，4：14291-14296.

[15] C Girard, E Önen, M Aufort, et al. Reusable polymer-supported catalyst for the [3+2] Huisgen cycloaddition in automation protocols. Org Lett, 2006, 8: 1689-1692.

[16] Y He, C Cai. Terminal alkyne homocoupling reactions catalyzed by an efficient and recyclable polymer-supported copper catalyst at room temperature under solvent-free conditions. Catal Sci Technol, 2012, 2: 1126-1129.

[17] R Rossi, A Carpita, C Bigelli. A palladium-promoted route to 3-alkyl-4-(1-alk-ynyl)-hexa-1,5-dyn-3-enes and/or 1,3-diynes. Tetrahedron Lett, 1985, 26: 523-526.

[18] G Hilt, C Hengst, M Arndt. The unprecedented cobalt-catalysed oxidative Glaser coupling under reductive conditions. Synthesis, 2009, 3: 395-401.

[19] L Zhang, X Zhang, P Li, et al. Effective Cd^{2+} chelating fiber based on polyacrylonitrile. React Funct Polym, 2009, 69: 48-54.

[20] G W Li, L H Zhang, Z W Li, et al. PAR immobilized colorimetric fiber for heavy metal ion detection and adsorption. J Hazard Mater, 2010, 177: 983-989.

[21] T Oishi, T Katayama, K Yamaguchi, et al. Heterogeneously catalyzed efficient alkyne-alkyne homocoupling by supported copper hydroxide on titanium oxide. Chem Eur J, 2009, 15: 7539-7542.

第7章

腈纶纤维负载铁配合物催化剂

7.1 负载铁配合物催化剂介绍

重金属或稀土金属的配合物催化剂,由于其毒性及昂贵的价格在一定程度上限制了其大规模的应用。铁是自然界非常丰富的元素,占地壳含量的 4.75%,多数铁盐及其化合物廉价易得,且对环境友好无毒性。铁在催化领域的应用已有大量报道[1,2]。其中,最常见的铁化合物是三氯化铁($FeCl_3$),表现 Lewis 酸性,很早就被应用于催化许多化学反应,在有机合成中有着广泛的应用。如催化酯化反应、取代反应、偶联反应、加成反应、环化反应、氧化还原反应,以及多组分反应等。

为充分发挥和提高 $FeCl_3$ 的催化活性,不少报道将其负载到载体材料上,开展非均相催化。一方面能够获得相当或更为优异的催化效果,另一方面也使催化剂分离和后处理操作变得更为简捷。

例如,Shirini 小组[3] 通过简易途径将 $FeCl_3$ 负载在稻壳上,并将稻壳负

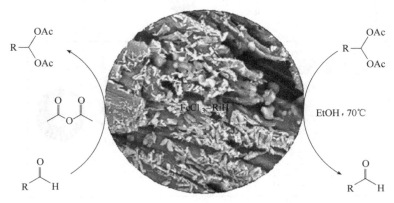

图 7-1 稻壳负载 $FeCl_3$ 纳米颗粒用于醛羰基保护制备二乙酸酯

载的 $FeCl_3$ 纳米颗粒用于醛羰基保护制备二乙酸酯（图 7-1）。结果显示，催化所得产物收率高达 98%，而且催化剂还能够有效回收。

Habibi 等人[4] 则将 $FeCl_3$ 负载在纳米级二氧化硅上，并将其用于催化 α，β-二羰基化合物与氨基脲或氨基硫脲盐酸盐的反应（图 7-2），在乙醇和水的混合溶液中来合成 1,2,4-三嗪衍生物，反应同样能获得较高的产物收率，而且催化循环三次，催化剂活性没有明显降低。

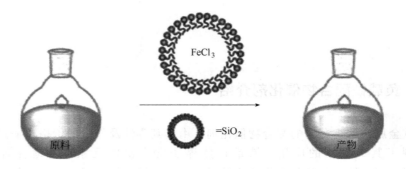

图 7-2 二氧化硅负载 $FeCl_3$ 催化应用示意

Likhar 课题组[5] 则将 $FeCl_3$ 负载在聚苯胺纳米纤维，并将其作为高效可回收的非均相催化剂用于醇与酸的酯化反应等（图 7-3），与传统的酯化反应相比，反应能在较短的反应时间内获得较为优异的产物收率。

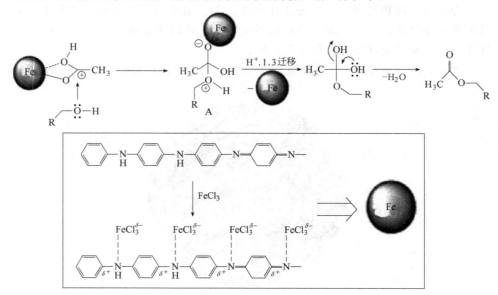

图 7-3 聚苯胺纳米纤维负载 $FeCl_3$ 催化醇酸酯化反应

Mohammadi 等[6] 则将 FeCl$_3$ 负载在复合材料磁性纳米颗粒上,并将其作负载型 Lewis 催化剂用于三组分反应(图 7-4),用于吖啶二酮的催化合成,同样也获得了不错的效果。

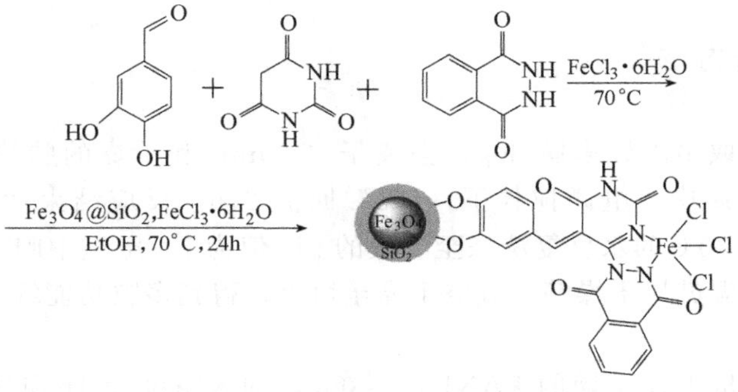

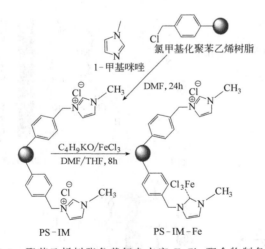

图 7-4 磁性纳米颗粒负载 FeCl$_3$ 制备示意

也有将 FeCl$_3$ 负载在高分子聚合物材料的开展催化应用的报道。例如,Kim 小组[7] 通过氮杂卡宾与铁的配位作用(图 7-5),将 FeCl$_3$ 负载到聚苯乙烯树脂上,进而将其用作催化剂来调控聚氨酯的聚合作用,成效也较为显著。

图 7-5 聚苯乙烯树脂负载氮杂卡宾-FeCl$_3$ 配合物制备示意

本书第 3 章,已对三组分的 Biginelli 反应做了详细介绍,且所开发的腈纶纤维负载 Brønsted 催化剂,在 Biginelli 反应中也取得了不错的效果。作为对照,本章再介绍一种易于合成的腈纶纤维负载的 Lewis 酸催化剂,即纤维负载铁配合物催化剂,并进一步探索其在 Biginelli 中的应用来开发高效的腈纶纤维负载铁配合物催化体系。

7.2 腈纶纤维负载铁配合物催化剂的制备与表征

7.2.1 制备方法

第一步：取多乙烯多胺 30g，去离子水 30mL 和干燥的腈纶纤维 3.00g，依次加入三口瓶中，电磁搅拌下，105℃回流 24h。反应结束后，取出纤维，抽滤，用 60～70℃的水反复洗涤至滤液的 pH 值为 7，空气中晾干后，放置在 60℃的电热恒温鼓风干燥箱下真空干燥至恒重，得到多胺功能纤维（$PANF_{PA}$，4.05g，增重 35%）。

第二步：取上述干燥的 $PANF_{PA}$ 1.00g，加入浓度为 1mol/L 的 Fe（Ⅲ）水溶液（30mL）中，室温下搅拌 24h，然后取出纤维，用水冲洗，直到滤液在 KSCN 溶液中不变色。最后，将样品在真空下 60℃干燥至恒重，得到纤维负载铁配合物催化剂［$PANF_{PA}$@Fe（Ⅲ）］。

如图 7-6 所示，采用多胺功能化和配位两步法来合成了纤维负载的铁配合

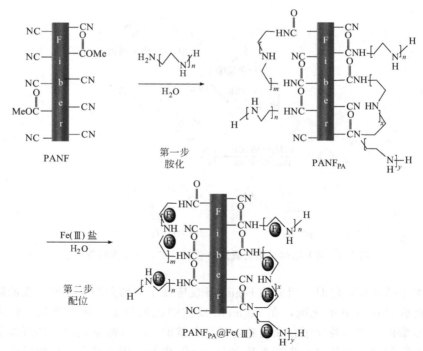

图 7-6 纤维负载铁配合物催化剂的制备示意

物催化剂。

第一步为多胺功能化,即以多乙烯多胺为胺化试剂,水中反应得到多胺功能化纤维 PANF$_{PA}$;第二步为 PANF$_{PA}$ 与三价铁盐充分配合,得纤维负载的 Fe(Ⅲ) 配合物。以不同种类的铁盐,包括 PANF$_{PA}$@Fe(NO$_3$)$_3$、PANF$_{PA}$@FeCl$_3$ 和 PANF$_{PA}$@Fe$_2$(SO$_4$)$_3$ 为配合剂,制备了三种纤维负载的铁配合物催化剂(表 7-1),通过电感耦合等离子体法(ICP)测定,对应的 Fe(Ⅲ) 含量(mmol/g)分别为 0.714、0.708、0.642,其与重量变化计算的结果几乎一致[含量(mmol/g)分别为 0.72、0.71、0.66]。此外,鉴于 PANF$_{PA}$@FeCl$_3$ 催化性能略优于其它两种纤维负载铁配合物催化剂,在 Biginelli 反应(苯甲醛、尿素和乙酰乙酸乙酯)中第一次催化应用后回收纤维催化剂 PANF$_{PA}$@FeCl$_3$-1 和第 10 回收的 PANF$_{PA}$@FeCl$_3$-10,与新制备的 PANF$_{PA}$@FeCl$_3$ 相比,Fe(Ⅲ) 含量变化不大,表明实验过程中 Fe(Ⅲ) 盐流失很少,也证实纤维负载铁配合物催化剂具有足够的稳定性,能够承受剧烈的搅拌条件。

表 7-1 不同类型 Fe(Ⅲ) 盐的配合能力[①]

序列	铁盐	纤维负载铁配合物催化剂	Fe(Ⅲ)含量[②]/mmol/g
1	FeNO$_3$·9H$_2$O	PANF$_{PA}$@Fe(NO$_3$)$_3$	0.714
2	FeCl$_3$·6H$_2$O	PANF$_{PA}$@FeCl$_3$	0.708
3	—	PANF$_{PA}$@FeCl$_3$-1[③]	0.701
4	—	PANF$_{PA}$@FeCl$_3$-10[④]	0.696
5	Fe$_2$(SO$_4$)$_3$·7H$_2$O	PANF$_{PA}$@Fe$_2$(SO$_4$)$_3$	0.642

①配合条件:PANF$_{PA}$(1.00g)、Fe(Ⅲ) 溶液(30mL,1mmol/mL),室温搅拌 24h。②ICP 分析。③第一次催化应用后回收的纤维催化剂。④第 10 次催化应用后回收的纤维催化剂。

7.2.2 表征手段与分析

腈纶纤维负载铁配合物催化剂除进行了 ICP 分析外,还利用表观形貌、力学性能、元素分析、红外光谱和扫描电镜等手段,对原纤维 PANF、多胺功能化纤维 PANF$_{PA}$、PANF$_{PA}$@FeCl$_3$、PANF$_{PA}$@FeCl$_3$-1 和 PANF$_{PA}$@FeCl$_3$-10 进行了观察和表征。

如图 7-7 所示,原纤维和多胺功能化后的纤维试样与第 3 章中的表观形貌相似。配合铁盐后,PANF$_{PA}$@FeCl$_3$ 的颜色因与 Fe(Ⅲ) 盐的配合作用而呈现棕色;不过,经随后的催化应用,PANF$_{PA}$@FeCl$_3$-1 和 PANF$_{PA}$@FeCl$_3$-10 与 PANF$_{PA}$@FeCl$_3$ 相比,表观上几乎没有明显的变化。另外,无论是在制备过程中还是在催化应用过程中，各阶段纤维试样的形态均未发生变化，保持了纤维结构的完整性。

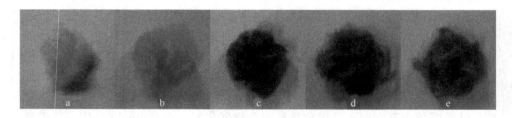

图 7-7　纤维试样的表观形貌

a—PANF；b—PANF$_{PA}$；c—PANF$_{PA}$@FeCl$_3$；d—PANF$_{PA}$@FeCl$_3$-1；e—PANF$_{PA}$@FeCl$_3$-10

纤维试样的力学性能如表 7-2 所示。由表可知，经多胺功能化后，PANF$_{PA}$ 的断裂强度下降至 8.69 cN，保留了原纤维力学性能的 83%；而与 FeCl$_3$ 配合后，PANF$_{PA}$@FeCl$_3$ 的断裂强度与 PANF$_{PA}$ 相比，几乎没有变化。即 Fe(Ⅲ) 盐的引入，对纤维强度的影响不大。催化剂使用一次后后，PANF$_{PA}$@FeCl$_3$-1 的断裂强度下降到 7.01cN，循环使用十次后，PANF$_{PA}$@FeCl$_3$-10 的断裂强度与 PANF$_{PA}$@FeCl$_3$-1 相比，强度仅下降 0.52 cN（即保留原 PANF 强度的 62%）。力学强度数据表明虽然在 Biginelli 反应中，回流的过程对催化剂的强度有些影响，但纤维负载铁配合物催化剂仍能保持足够的强度进行多次的催化循环。

表 7-2　PANF、PANF$_{PA}$、PANF$_{PA}$@FeCl$_3$、PANF$_{PA}$@FeCl$_3$-1 和 PANF$_{PA}$@FeCl$_3$-10 的力学强度

序列	纤维试样	断裂强力/cN	保留率[①]/%
1	PANF	10.46	100
2	PANF$_{PA}$	8.69	83
3	PANF$_{PA}$@FeCl$_3$	8.71	83
4	PANF$_{PA}$@FeCl$_3$-1	7.01	67
5	PANF$_{PA}$@FeCl$_3$-10	6.49	62

①断裂强力的保留率是以 PANF 为基础的。

表 7-3 列出了各阶段纤维试样的有机元素分析数据。PANF 和 PANF$_{PA}$ 的 C、H 和 N 含量与第 3 章类似。PANF$_{PA}$ 与 Fe(Ⅲ) 盐配合，形成纤维负载铁配合物后，其 C、H 和 N 的含量均显著降低，这是由于在纤维上引入了 FeCl$_3$，其不含上述元素。催化应用后，PANF$_{PA}$@FeCl$_3$-1 和 PANF$_{PA}$@FeCl$_3$-10 的元素含量与新制备的 PANF$_{PA}$@FeCl$_3$ 相比略有变化，这可能是由

于 Biginelli 反应底物或反应产物被吸附或接枝到纤维催化剂上所导致的，这一结果与 ICP 分析数据相对应。

表 7-3　PANF、$PANF_{PA}$、$PANF_{PA}@FeCl_3$、$PANF_{PA}@FeCl_3$-1 和 $PANF_{PA}@FeCl_3$-10 的元素分析数据

序列	纤维试样	$W_C/\%$	$W_H/\%$	$W_N/\%$
1	PANF	67.53	5.86	23.65
2	$PANF_{PA}$	56.17	6.75	20.26
3	$PANF_{PA}@FeCl_3$	49.72	5.97	17.93
4	$PANF_{PA}@FeCl_3$-1	49.86	6.13	17.96
5	$PANF_{PA}@FeCl_3$-10	50.17	6.32	18.08

图 7-8 为纤维试样的红外光谱图。PANF 和 $PANF_{PA}$ 的红外光谱与第 3 章结果相同。$PANF_{PA}@FeCl_3$ 的特征吸收峰与 $PANF_{PA}$ 相比并无明显变化，只是吸收强度略减，这可能是由于铁盐的配合对基团振动造成的影响。在 Biginelli 反应中使用后，$PANF_{PA}@FeCl_3$-1 和 $PANF_{PA}@FeCl_3$-10 的谱图与新制的 $PANF_{PA}@FeCl_3$ 几乎相同，表明纤维负载铁配合物催化剂经多次重复使用后仍具有催化活性。

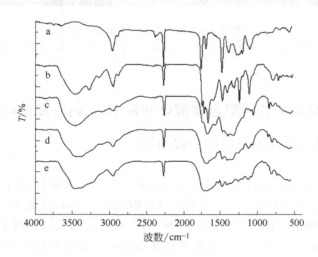

图 7-8　纤维试样的红外光谱图
a—PANF；b—$PANF_{PA}$；c—$PANF_{PA}@FeCl_3$；d—$PANF_{PA}@FeCl_3$-1；e—$PANF_{PA}@FeCl_3$-10

扫描电镜图片见图 7-9。多胺功能化后，与 PANF 相比，$PANF_{PA}$ 直径扩大，表面上瘢痕或拉伤增多；与 $FeCl_3$ 配合后，$PANF_{PA}@FeCl_3$ 的表面磨损加重且出现更多瘢痕。随着催化剂的循环使用，样品的表面磨损越来重，但腈

纶纤维负载铁配合物催化剂的整体结构没有发生大的变化，纤维也保持其完整性。这些结果与表观形貌和力学性能是一致的。

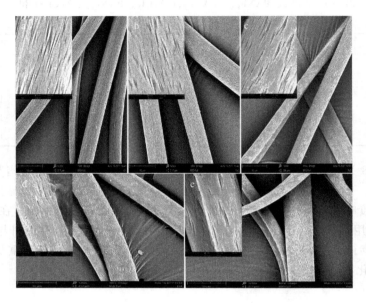

图 7-9　扫描电镜图片（标尺分别为 $1\mu m$ 和 $50\mu m$）
a—PANF；b—PANF$_{PA}$；c—PANF$_{PA}$@FeCl$_3$；d—PANF$_{PA}$@FeCl$_3$-1；e—PANF$_{PA}$@FeCl$_3$-10

7.3　腈纶纤维负载铁配合物催化剂在 Biginelli 反应中的应用

7.3.1　催化 Biginelli 反应的一般步骤

取醛（5.0mmol）、脲或硫脲（6.0mmol）、1,3-二羰基化合物（5.5mmol）、乙醇（15mL）和 PANF$_{PA}$@Fe(Ⅲ)［基于醛用量，5mol％的 Fe(Ⅲ) 含量］，依次加入三口瓶中，电磁搅拌下，回流 4h。反应完成后，用镊子取出纤维催化剂，用 15mL 乙醇反复冲洗多次并收集滤液，将滤液与反应液合并后浓缩，用 10mL 乙醇和水（体积比 1∶1）的混合溶剂重结晶，得纯品。

7.3.2　反应条件优化

腈纶纤维负载铁配合物催化剂在 Biginelli 反应中的性能优化，列表 7-4

中。选择苯甲醛、脲和乙酰乙酸乙酯为底物的 Biginelli 反应为模型，乙醇为溶剂，对反应条件进行最初的筛选。

表 7-4 腈纶纤维负载铁配合物催化剂的性能优化①

序列	催化剂	催化剂用量②/mol%	溶剂	温度/℃	时间/h	收率③/%
1	—	—	乙醇	78	24	12
2	HCl	10	乙醇	78	24	74
3	$PANF_{PA}@Fe(NO_3)_3$	10	乙醇	78	4	89
4	$PANF_{PA}@FeCl_3$	10	乙醇	78	4	91
5	$PANF_{PA}@Fe_2(SO_4)_3$	10	乙醇	78	4	86
6	PANF④	—	乙醇	78	4	7
7	$PANF_{PA}$④	—	乙醇	78	4	6
8	$PANF_{PA}@FeCl_3$	10	甲醇	65	4	82
9	$PANF_{PA}@FeCl_3$	10	异丙醇	82	4	84
10	$PANF_{PA}@FeCl_3$	10	乙腈	82	4	43
11	$PANF_{PA}@FeCl_3$	10	乙酸乙酯	77	4	25
12	$PANF_{PA}@FeCl_3$	10	氯仿	61	4	21
13	$PANF_{PA}@FeCl_3$	10	1,4-二氧六环	102	4	18
14	$PANF_{PA}@FeCl_3$	10	甲苯	110	4	Trace
15	$PANF_{PA}@FeCl_3$	10	环己烷	81	4	Trace
16	$PANF_{PA}@FeCl_3$	12.5	乙醇	78	4	92
17	$PANF_{PA}@FeCl_3$	7.5	乙醇	78	4	91
18	$PANF_{PA}@FeCl_3$	5	乙醇	78	4	90
19	$PANF_{PA}@FeCl_3$	2.5	乙醇	78	4	81
20	$PANF_{PA}@FeCl_3$	2.5	乙醇	78	8	86
21	$PANF_{PA}@FeCl_3$	5	乙醇	78	6	92
22	$PANF_{PA}@FeCl_3$	5	乙醇	78	3	69

①反应条件：苯甲醛（5.0mmol）、尿素（6.0mmol）、乙酰乙酸乙酯（5.5mmol）及溶剂（15mL），回流相应时间。②Fe(Ⅲ)含量以苯甲醛为基准。③分离收率。④纤维质量为 0.35g。

首先进行对照实验。无催化剂时，反应进行 24h，Biginelli 产物仅为 12%；相比之下，采用 Bronsted 酸盐酸作催化剂时，同等条件下，产物收率达到 74%，说明 Biginelli 反应过程添加催化剂是必要的。在此基础上，将腈纶纤维负载的三种铁盐配合物用于 Biginelli 反应体系，结果显示，三种纤维负载铁配合物催化剂均起作用，而且还表现出较高的催化活性，反应 4h，产物收率达 90%左右。相比较而言，腈纶纤维负载的 $FeCl_3$ 性能略高于另外两种，选择 $PANF_{PA}$@$FeCl_3$ 作为催化剂对反应条件做进一步的优化。此外，进一步以腈纶纤维 PANF 和多胺功能化纤维 $PANF_{PA}$ 开展对照试验，对应产物收率均低于 10%。

接下来以 $PANF_{PA}$@$FeCl_3$ 为催化剂，在其回流温度下，对反应溶剂的影响做了考察。结果表明，在极性质子性溶剂甲醇和异丙醇中，反应仍能获得不错的的催化效果，而非质子溶剂如甲苯、环己烷中，反应很难顺利进行。在此基础上，以乙醇为溶剂，简要探讨了催化剂用量和反应时间对反应的影响，结果显示，当催化剂用量增加到 12.5mol%时，产物收率升高不明显，而将催化剂用量削减至 5mol%时，Biginelli 产物的收率仍能保持在 90%左右，但进一步降低催化剂用量至 2.5mol%时，即使反应时间延长至 8h，收率也仅为 86%；而催化剂用量为 5mol%时，缩短反应时间至 3h 时，收率仅为 69%。最佳反应条件设定在以 $PANF_{PA}$@$FeCl_3$ 为催化剂，用量为 5mol%，乙醇为溶剂回流反应 4h。

7.3.3 反应底物扩展

在最优条件下，选用不同芳香醛、脲或硫脲，以及不同类型的 1,3-二羰基化合物，对 Biginelli 反应的底物做了扩展（表 7-5）。结果表明，腈纶纤维负载铁配合物催化体系具有良好的官能团耐受性，芳香醛类包括含杂原子的芳香醛，或不同的脲包括脲和硫脲，1,3-二羰基化合物包括乙酰乙酸乙酯和乙酰丙酮，均能有效反应，收率在 81%~94%。此外，芳环上取代基的位置对产物的收率影响不明显。不过，需要说明的是，芳香醛上取代基的电子性质对 Biginelli 反应的活性影响较为显著，含有供电子取代基的醛类对应的产物收率略高于吸电子基。

7.3.4 催化剂的循环使用与体系放大

在简易转框式反应器中，对腈纶纤维负载铁配合物催化剂的循环使用性能

表 7-5 纤维催化剂在 Biginelli 反应中的应用[①]

$$Ar-CHO + H_2N\underset{NH_2}{\overset{X}{\|}} + \underset{R=OEt,Me}{\overset{O}{\|}\overset{O}{\|}R} \xrightarrow[EtOH,回流]{PANF_{PA}@FeCl_3} \underset{4a-o}{\text{产物}}$$

序列	Ar	X	R	产物	收率[②]/%
1	C_6H_5	O	OEt	4a	90
2	4-MeOC$_6$H$_4$	O	OEt	4b	94
3	3-MeOC$_6$H$_4$	O	OEt	4c	92
4	2-MeOC$_6$H$_4$	O	OEt	4d	89
5	4-ClC$_6$H$_4$	O	OEt	4e	86
6	4-BrC$_6$H$_4$	O	OEt	4f	87
7	4-O$_2$NC$_6$H$_4$	O	OEt	4g	81
8	1-萘基	O	OEt	4h	83
9	2-噻吩基	O	OEt	4i	85
10	C_6H_5	S	OEt	4j	88
11	4-MeOC$_6$H$_4$	S	OEt	4k	91
12	C_6H_5	O	Me	4l	89
13	4-MeOC$_6$H$_4$	O	Me	4m	93
14	C_6H_5	S	Me	4n	86
15	4-MeOC$_6$H$_4$	S	Me	4o	90

①反应条件：苯甲醛（5.0mmol）、脲或硫脲（6.0mmol）、1,3-二羰基化合物（5.5mmol），在乙醇（15mL）溶剂中回流 4h。②分离收率。

进行考察。催化剂缠绕在反应器的搅拌器上，将反应底物用量扩大至克级，反应结束，将反应液通过排料口放出，并用乙醇清洗反应容器，然后直接进行下一循环。循环实验 10 次，结果表明，反应均能顺利进行，产物收率无显著降低（图 7-10，从 94% 降至 86%）。此外，纤维负载铁配合物催化剂在反应循环前后结构没有明显的变化。不过，值得一提的是纤维的长度、厚度分布和比表面积的几何形状在循环反应过程中都会发生变化，而几何结构的改变可能化改变催化剂的性能，从而使催化活性发生变化。此外，将 PANF$_{PA}$@FeCl$_3$ 放置于实验室架子上，不经特殊保护，三个月后再次测试其催化性能，结果显示同等反应条件下，产物收率几乎没有降低。

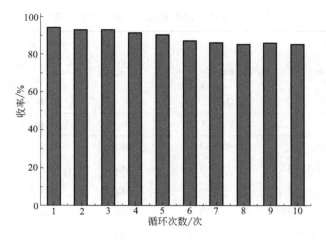

图 7-10　纤维负载铁配合物催化剂在 Biginelli 反应中的循环使用性能

7.3.5　对比结果

最后参照文献，对不同催化体系中 Biginelli 反应的催化效果进行比较（表 7-6）。对比发现，纤维负载铁配合物催化体系在催化剂用量、反应条件、产物收率以及循环使用性和操作方面仍具有一些优势。

表 7-6　不同载体催化剂对 Biginelli 反应催化效果的比较

序列	催化剂	催化剂用量（质量分数）/%	反应条件 溶剂/温度	时间/h	收率/%	文献
1	KSF	15	—/100℃	48	79	[8]
2	HY	15	甲苯/110℃	12	71	[9]
3	Nafion NR-50	85	乙腈/82℃	3	85	[10]
4	P_2O_5-SiO_2	30	—/85℃	4	72	[11]
5	Yb(Ⅲ)-树脂	75	—/120℃	48	72	[12]
6	Fe_3O_4@mesoporous SBA-15	15	乙醇/90℃	7	82	[13]
7	PS-PEG-SO_3H	95	二氧六环-异丙醇/80℃	10	79	[14]
8	PPF-SO_3H	15	EtOH/78℃	8	89	[15]
9	PANF-PAMSA	5(5mol%)	EtOH/78℃	8	94	第3章
10	$PANF_{PA}$@$FeCl_3$	15(5mol%)	EtOH/78℃	4	94	本章

7.3.6 催化所合成化合物的表征

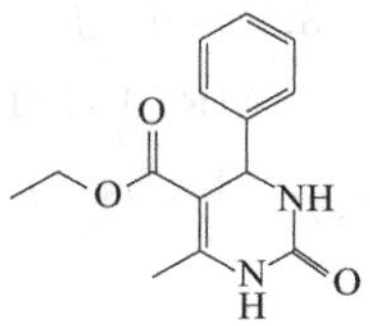

(4a)

6-甲基-4-苯基-5-乙氧羰基-3,4-二氢嘧啶-2-酮
5-Ethoxycarbonyl-6-methyl-4-phenyl-3,4-dihydropyrimidin-2(1H)-one

m.p. 202~203℃；^{1}H NMR(600MHz，DMSO)δ 9.27(s，1H)，7.81(s，1H)，7.44~7.21(m，5H)，5.19(s，1H)，4.02(d，J=7.0Hz，2H)，2.29(s，3H)，1.13(t，J=6.9Hz，3H)；^{13}C NMR(151MHz，DMSO)δ 166.2，153.0，149.3，145.7，129.3，128.2，127.1，100.1，60.1，54.8，18.7，14.9。

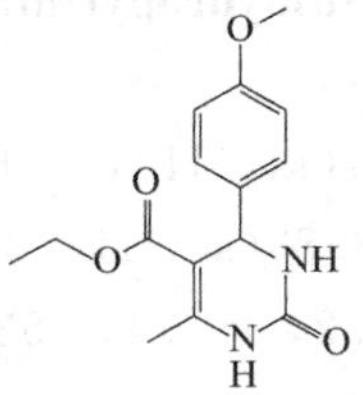

(4b)

6-甲基-4-(4-甲氧基苯基)-5-乙氧羰基-3,4-二氢嘧啶-2-酮
5-Ethoxycarbonyl-4-(4-methoxyphenyl)-6-methyl-3,4-dihydropyrimidin-2(1H)-one

m.p. 199~201℃；^{1}H NMR(600MHz，DMSO)δ 9.23(s，1H)，7.74(s，1H)，7.19(d，J=6.8Hz，2H)，6.91(d，J=6.8Hz，2H)，5.13(s，1H)，4.01(d，J=6.0Hz，2H)，3.75(s，3H)，2.28(s，3H)，1.14(s，3H)；^{13}C NMR(151MHz，DMSO)δ 166.2，159.3，153.1，148.9，137.9，128.3，114.6，100.4，60.0，55.9，54.2，18.6，15.0。

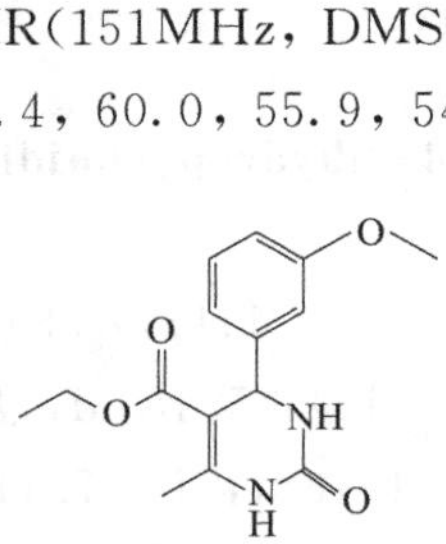

(4c)

6-甲基-4-(3-甲氧基苯基)-5-乙氧羰基-3,4-二氢嘧啶-2-酮

5-Ethoxycarbonyl-4-(3-methoxyphenyl)-6-methyl-3,4-dihydropyrimidin-2(1H)-one

m.p. 215~216℃；^{1}H NMR（600MHz，DMSO）δ 9.12(s, 1H)，7.66(s, 1H)，7.14(s, 1H)，6.81~6.59(m, 3H)，5.02(s, 1H)，3.89(d, J=6.4 Hz, 2H)，3.62(s, 3H)，2.14(s, 3H)，1.01(s, 3H)；^{13}C NMR（151MHz，DMSO）δ 166.2，160.0，153.1，149.3，147.2，130.4，119.1，113.3，113.0，100.0，60.1，55.8，54.6，18.6，15.0。

(4d)

6-甲基-4-(2-甲氧基苯基)-5-乙氧羰基-3,4-二氢嘧啶-2-酮

5-Ethoxycarbonyl-4-(2-methoxyphenyl)-6-methyl-3,4-dihydropyrimidin-2(1H)-one

m.p. 255~257℃；^{1}H NMR（600MHz，DMSO）δ 9.20(s, 1H)，7.42~6.85(m, 5H)，5.53(s, 1H)，3.92(d, J=39.2Hz, 2H)，3.83(s, 3H)，2.32(s, 3H)，1.06(s, 3H)；^{13}C NMR（151MHz，DMSO）δ 166.2，157.4，153.1，149.8，132.4，129.5，127.9，121.0，111.9，98.4，59.9，56.2，49.7，18.6，14.9。

(4e)

6-甲基-4-(4-氯苯基)-5-乙氧羰基-3,4-二氢嘧啶-2-酮

4-(4-Chlorophenyl)-5-ethoxycarbonyl-6-methyl-3,4-dihydropyrimidin-2(1H)-one

m.p. 209~210℃；^{1}H NMR（600MHz，DMSO）δ 9.32(s, 1H)，7.84(s, 1H)，7.43(d, J=8.3Hz, 2H)，7.29(d, J=8.4Hz, 2H)，5.18(d, J=2.9Hz, 1H)，4.02(q, J=6.9Hz, 2H)，2.29(s, 3H)，1.13(t, J=7.1Hz, 3H)；^{13}C NMR（151MHz，DMSO）δ 166.1，152.8，149.6，144.7，132.7，129.27，129.1，99.6，60.1，54.3，18.7，14.9。

6-甲基-4-(4-溴苯基)-5-乙氧羰基-3,4-二氢嘧啶-2-酮

4-(4-Bromophenyl)-5-ethoxycarbonyl-6-methyl-3,4-dihydropyrimidin-2(1H)-one

m. p. 213～215℃；^{1}H NMR(600MHz, DMSO)δ 9.32(s, 1H), 7.84(s, 1H), 7.57(d, J=8.1Hz, 2H), 7.23(d, J=8.1Hz, 2H), 5.17(d, J=1.9Hz, 1H), 4.02(q, J=6.9Hz, 2H), 2.29(s, 3H), 1.13(t, J=7.0Hz, 3H)；^{13}C NMR(151MHz, DMSO)δ 166.0, 152.8, 149.6, 145.1, 132.2, 129.4, 121.2, 99.6, 60.1, 54.3, 18.7, 14.9。

6-甲基-4-(4-硝基苯基)-5-乙氧羰基-3,4-二氢嘧啶-2-酮

5-Ethoxycarbonyl-6-methyl-4-(4-nitrophenyl)-3,4-dihydropyrimidin-2(1H)-one

m. p. 208～210℃；^{1}H NMR(600MHz, DMSO)δ 9.42(s, 1H), 8.26(d, J=8.2Hz, 2H), 7.95(s, 1H), 7.54(d, J=8.2Hz, 2H), 5.31(s, 1H), 4.02(d, J=6.9Hz, 2H), 2.30(s, 3H), 1.13(t, J=6.9Hz, 3H)；^{13}C NMR(151MHz, DMSO)δ 166.2, 153.1, 152.9, 150.6, 147.8, 128.8, 125.0, 99.3, 60.5, 54.8, 19.0, 15.2。

6-甲基-4-(1-萘基)-5-乙氧羰基-3,4-二氢嘧啶-2-酮

5-Ethoxycarbonyl-6-methyl-4-(1-naphthalenyl)-3,4-dihydropyrimidin-2(1H)-one

m. p. 247～249℃；^{1}H NMR(600MHz, DMSO)δ 9.34(s, 1H), 8.35(s, 1H), 8.00～7.42(m, 7H), 6.11(s, 1H), 3.84(d, J=27.8Hz, 2H), 2.41

(s, 3H), 0.85(s, 3H); ^{13}C NMR(151MHz, DMSO)δ 166.2, 152.6, 149.6, 141.3, 134.3, 130.9, 129.3, 128.8, 126.9, 126.6, 126.5, 125.1, 124.5, 100.0, 59.9, 50.6, 18.7, 14.7。

6-甲基-4-(2-噻吩基)-5-乙氧羰基-3,4-二氢嘧啶-2-酮

5-Ethoxycarbonyl-6-methyl-4-(2-thienyl)-3,4-dihydropyrimidin-2(1*H*)-one

m.p. 206~207℃; ^{1}H NMR(600MHz, DMSO)δ 9.39(s, 1H), 7.98(s, 1H), 7.39(d, J=4.8Hz, 1H), 6.99~6.88(m, 2H), 5.46(d, J=2.9Hz, 1H), 4.10(q, J=7.0Hz, 2H), 2.26(s, 3H), 1.20(t, J=7.0Hz, 3H); ^{13}C NMR(151MHz, DMSO)δ 165.9, 153.2, 149.6, 149.5, 127.6, 125.5, 124.4, 100.6, 60.3, 50.2, 18.6, 15.0。

6-甲基-4-苯基-5-乙氧羰基-3,4-二氢嘧啶-2-硫酮

5-Ethoxycarbonyl-6-methyl-4-phenyl-3,4-dihydropyrimidin-2(1*H*)-thione

m.p. 203~205℃; ^{1}H NMR(600MHz, DMSO)δ 10.40(s, 1H), 9.72(s, 1H), 7.43~7.22(m, 5H), 5.21(s, 1H), 4.04(d, J=6.4Hz, 2H), 2.33(s, 3H), 1.12(t, J=15.8Hz, 3H); ^{13}C NMR(151MHz, DMSO)δ 175.0, 166.0, 145.9, 144.3, 129.4, 128.6, 127.3, 101.5, 60.5, 54.9, 18.0, 14.9。

6-甲基-4-(4-甲氧基苯基)-5-乙氧羰基-3,4-二氢嘧啶-2-硫酮

5-Ethoxycarbonyl-4-(4-methoxyphenyl)-6-methyl-3,4-dihydropyrimidin-2(1*H*)-thione

m.p. 154～155℃；^{1}H NMR(600MHz, DMSO)δ 10.36(s, 1H), 9.66(s, 1H), 7.17(d, J=7.9Hz, 2H), 6.94(d, J=7.8Hz, 2H), 5.15(s, 1H), 4.03(d, J=6.8Hz, 2H), 3.76(s, 3H), 2.32(s, 3H), 1.14(t, J=6.5 Hz, 3H)；^{13}C NMR(151MHz, DMSO)δ 174.8, 166.0, 159.6, 145.7, 136.6, 128.5, 114.7, 101.8, 60.4, 55.9, 54.3, 18.0, 14.9。

(4l)

6-甲基-4-苯基-5-乙酰基-3,4-二氢嘧啶-2-酮
5-Acetyl-6-methyl-4-phenyl-3,4-dihydropyrimidin-2(1H)-one

m.p. 236～237℃；^{1}H NMR(600MHz, DMSO)δ 9.27(s, 1H), 7.91(s, 1H), 7.40～7.25(m, 5H), 5.31(s, 1H), 2.33(s, 3H), 2.15(s, 3H)；^{13}C NMR(151MHz, DMSO)δ 195.1, 153.1, 149.1, 145.1, 129.4, 128.2, 127.3, 110.4, 54.7, 31.2, 19.8。

(4m)

6-甲基-4-(4-甲氧基苯基)-5-乙酰基-3,4-二氢嘧啶-2-酮
5-Acetyl-4-(4-methoxyphenyl)-6-methyl-3,4-dihydropyrimidin-2(1H)-one

m.p. 176～177℃；^{1}H NMR(600MHz, DMSO)δ 9.22(s, 1H), 7.83(s, 1H), 7.20(s, 2H), 6.92(s, 2H), 5.24(s, 1H), 3.75(s, 3H), 2.32(s, 3H), 2.11(s, 3H)；^{13}C NMR(151MHz, DMSO)δ 195.5, 159.6, 153.3, 149.0, 137.5, 128.8, 115.0, 110.7, 56.2, 54.4, 31.4, 20.0。

(4n)

6-甲基-4-苯基-5-乙酰基-3,4-二氢嘧啶-2-硫酮
5-Acetyl-6-methyl-4-phenyl-3,4-dihydropyrimidin-2(1H)-thione

m. p. 222～223℃；^{1}H NMR（600MHz，DMSO-d_6）δ 10.27（s，1H），9.75（s，1H），7.29（d，$J=39.1$Hz，5H），5.30（s，1H），2.33（s，3H），2.16（s，3H）；^{13}C NMR（151MHz，DMSO-d_6）δ 195.8，175.2，145.5，144.0，129.7，128.8，127.6，111.6，54.9，31.5，19.3。

（4o）

6-甲基-4-（4-甲氧基苯基）-5-乙酰基-3,4-二氢嘧啶-2-酮
5-Acetyl-4-（4-methoxyphenyl）-6-methyl-3,4-dihydropyrimidin-2（1H）-thione

m. p. 152～154℃；^{1}H NMR（600MHz，DMSO-d_6）δ 10.26（s，1H），9.72（s，1H），7.19（d，$J=8.4$Hz，2H），6.94（d，$J=8.4$Hz，2H），5.27（d，$J=2.6$Hz，1H），3.76（s，3H），2.36（s，3H），2.16（s，3H）；^{13}C NMR（151MHz，DMSO-d_6）δ 195.7，184.9，174.8，159.7，145.0，136.0，128.7，114.9，111.4，56.0，54.3，31.1，19.0。

7.4　应用评述

本章利用多胺功能化的腈纶纤维来络合金属铁盐，进而合成了纤维负载铁配合物催化剂，并将其作为 Lewis 酸在三组分 Biginelli 反应中考察了其催化性能。通过对制备过程和催化应用过程中纤维试样的表征，证实了纤维负载铁配合物催化剂制备方法的可行性以及使用过程的稳定性；而且，该纤维负载铁配合物催化体系具有反应条件温和，底物适应性广，后处理工艺简单，产物收率高的优势。该纤维负载铁配合物催化剂，根据反应条件可用于不同类型三价铁盐催化的有机反应。此外，载体材料易于获取、催化剂制备程序简单以及稳定性高、可二次加工等特点，为铁催化剂在工业催化中的应用，提供了一种新的更为有效的催化剂形式。

◆ 参考文献 ◆

[1] C Bolm，J Legros，J L Paih，et al. Iron-catalyzed reactions in organic synthesis. Chem Rev，2004，104：6217.
[2] L-X Liu. Recent uses of iron catalysts in organic reactions. Curr Org Chem，2010，14：1099.

[3] F Shirini, S Akbari-Dadamahaleh, A AliMohammad-Khah. Rice husk supported $FeCl_3$ nanoparticles as an efficient and reusable catalyst for the chemoselective 1,1-diacetate protection and deprotection of aldehydes. J Mol Catal A: Chem, 2012, 363-364: 10-17.

[4] D Habibi, S Vakili. Nano-sized silica supported $FeCl_3$ as an efficient heterogen-eous catalyst for the synthesis of 1,2,4-triazine derivatives. Chin J Catal, 2015, 365: 620-625.

[5] P R Likhar, R Arundhathi, S Ghosh, et al. Polyaniline nanofiber supported $FeCl_3$: An efficient and reusable heterogeneous catalyst for the acylation of alcohols and amines with acetic acid. J Mol Catal A: Chem, 2009, 302: 142-149.

[6] H Mohammadi, H R Shaterian. Ferric(Ⅲ) complex supported on superparama-gnetic Fe_3O_4@SiO_2 as a reusable Lewis acid catalyst: a new highly efficient protocol for the synthesis of acridinedione and spiroquinazolin-4(3H)-one derivatives. Res Chem Intermed, 2019, 1-17.

[7] H-J Noh, T Sadhasivam, D-S. Jung, K Lee, M Han, J-Y Kim, H-Y Jung. Poly (styrene) supported N-heterocyclic carbine coordinated iron chloride as a catalyst for delayed polyurethane polymerization. RSC Adv, 2018, 8: 37339-37347.

[8] F Bigi, S Carloni, B Frullanti, et al. A revision of the Biginelli reaction under solid acid catalysis. Solvent-free synthesis of dihydropyrimidines over montmorillonite KSF. Tetrahedron Lett, 1999, 40: 3465-3468.

[9] V R Rani, N Srinivas, M R Kishan, et al. Zeolite-catalyzed cyclocondensation reaction for the selective synthesis of 3,4-dihydropyrimidin-2(1H)-ones. Green Chem, 2001, 3: 305-306.

[10] J K Joseph, S L Jain, B Sain. Ion exchange resins as recyclable and heterogeneous solid acid catalysts for the Biginelli condensation: An improved protocol for the synthesis of 3,4-dihydropyrimidin-2-ones. J Mol Catal A: Chem, 2006, 247: 99-102.

[11] A Hasaninejad, A Zare, F Jafari, et al. P_2O_5/SiO_2 as an Efficient, Green and Heterogeneous Catalytic System for the Solvent-Free Synthesis of 3,4-Dihydropyrimidin-2-(1H)-ones (and -Thiones). E-J Chem, 2009, 6: 459-465.

[12] A Dondoni, A Massi. Parallel synthesis of dihydropyrimidinones using Yb(Ⅲ)-resin and polymer-supported scavengers under solvent-free conditions. A green chemistry approach to the Biginelli reaction. Tetrahedron Lett, 2001, 42: 7975-7978.

[13] J Mondal, T Sen, A Bhaumik. Fe_3O_4@mesoporous SBA-15: a robust and magneti-cally recoverable catalyst for one-pot synthesis of 3,4-dihydropyrimidin-2(1H)-ones via the Biginelli reaction. Dalton Trans, 2012, 41: 6173-6181.

[14] Z-J Quan, Y-X Da, Z Zhang, et al. PS-PEG-SO_3H as an efficient catalyst for 3,4-dihydropyrimidones via Biginelli reaction. Catal Commun, 2009, 10: 1146-1148.

[15] X-L Shi, H Yang, M Tao, et al. Sulfonic acid-functionalized polypropylene fiber: highly efficient and recyclable heterogeneous Brønsted acid catalyst. RSC Adv, 2013, 3: 3939-3945.